“十二五”国家重点图书出版规划项目
水产养殖新技术推广指导用书

中国水产学会
全国水产技术推广总站 组织编写

卵形鲳鲹 花鲈 军曹鱼 黄鳍鲷 美国红鱼

LUANXINGCHANGSHEN HUALU JUNCAOYU HUANGQIDIAO MEIGUOHONGYU

高效生态养殖新技术

GAOXIAOSHENGTAIYANGZHIXINJISHU

区又君 李加儿 江世贵 麦贤杰 张建生 编著

海洋出版社
2015年·北京

图书在版编目（CIP）数据

卵形鲳鲹、花鲈、军曹鱼、黄鳍鲷、美国红鱼高效生态养殖新技术／区又君等编著. —北京：海洋出版社，2015.3
（水产养殖新技术推广指导用书）
ISBN 978－7－5027－9088－2

Ⅰ.①卵…　Ⅱ.①区…　Ⅲ.①鱼类养殖　Ⅳ.①S96

中国版本图书馆CIP数据核字（2015）第034342号

责任编辑： 杨　明
责任印制： 赵麟苏

海洋出版社　出版发行
http://www.oceanpress.com.cn
北京市海淀区大慧寺路8号　邮编：100081
北京旺都印务有限公司印刷　新华书店北京发行所经销
2015年3月第1版　2015年3月第1次印刷
开本：880mm×1230mm　1/32　印张：6.625
字数：178千字　定价：22.00元
发行部：62132549　邮购部：68038093　总编室：62114335

1. 海上网箱
2. 抽取海中的水源
3. 海水过滤池
4. 蓄水池
5. 孵化网箱
6. 暂养网箱
7. 越冬池塘

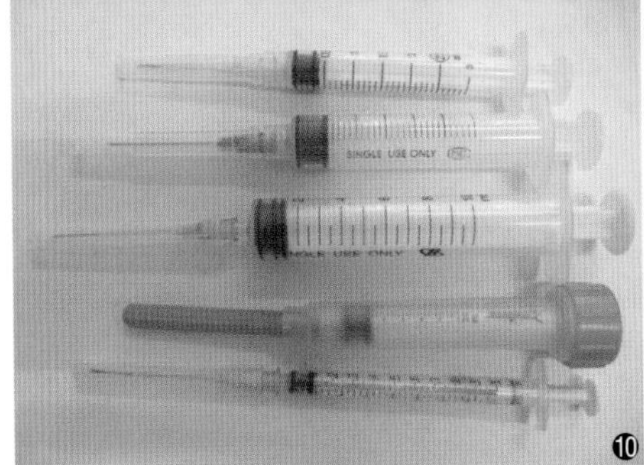

8. 发电机
9. 充气设备
10. 注射器
11. 催熟、催产激素
12. 饲料加工
13. 配合饲料
14. 配制饲料

15. 藻类培养
16. 卤虫孵化
17. 水池加热器
18. 加热棒
19. 工具消毒
20. 水裤和筛网
21. 沉子和散气石

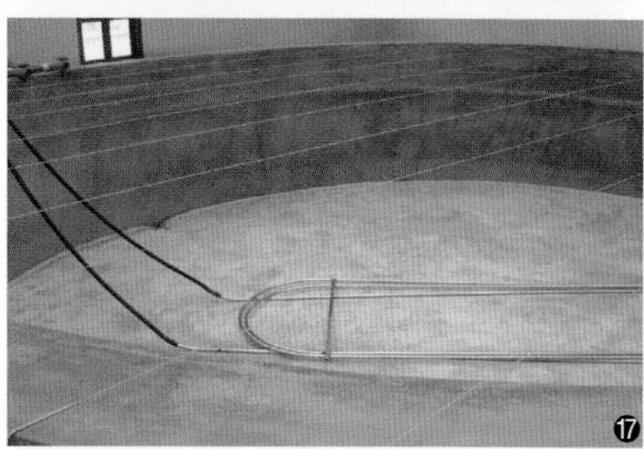

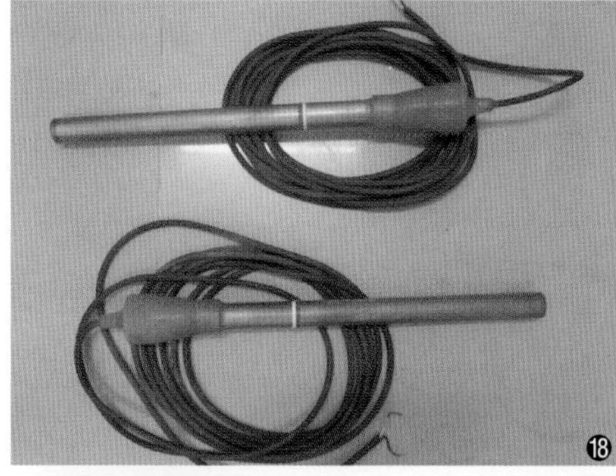

22. 活鱼搬运桶
23. 排水隔网
24. 水质调节制剂
25. 集苗网
26. 商品鱼收获
27. 活鱼运输车
28. 鱼产品加工

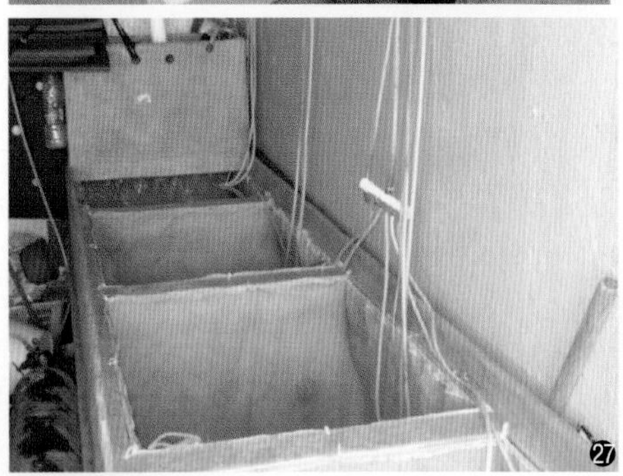

《水产养殖新技术推广指导用书》编委会

丛书序

我国的水产养殖自改革开放至今，高速发展成为世界第一养殖大国和大农业经济中的重要增长点，产业成效享誉世界。进入21世纪以来，我国的水产养殖继续保持着强劲的发展态势，为繁荣农村经济、扩大就业岗位、提高生活质量和国民健康水平作出了突出贡献，也为海、淡水渔业种质资源的可持续利用和保障"粮食安全"发挥了重要作用。

近30年来，随着我国水产养殖理论与技术的飞速发展，为养殖产业的进步提供了有力的支撑，尤其表现在应用技术处于国际先进水平，部分池塘、内湾和浅海养殖已达国际领先地位。但是，对照水产养殖业迅速发展的另一面，由于养殖面积无序扩大，养殖密度任意增高，带来了种质退化、病害流行、水域污染和养殖效益下降、产品质量安全等一系列令人堪忧的新问题，加之近年来不断从国际水产品贸易市场上传来技术壁垒的冲击，而使我国水产养殖业的持续发展面临空前挑战。

新世纪是将我国传统渔业推向一个全新发展的时期。当前，无论从保障食品与生态安全、节能减排、转变经济增长方式考虑，还是从构建现代渔业、建设社会主义新农村的长远目标出发，都对渔业科技进步和产业的可持续发展提出了更新、更高的要求。

渔业科技图书的出版，承载着新世纪的使命和时代责任，客观上要求科技读物成为面向全社会，普及新知识、努力提高渔民文化素养、推动产业高速持续发展的一支有生力量，也将成为渔业科技成果入户和展现渔业科技为社会不断输送新理念、新技术的重要工具，对基层水产技术推广体系建设、科技型渔民培训和产业的转型提升都将产生重要影响。

中国水产学会和海洋出版社长期致力于渔业科技成果的普及推广。目前在农业部渔业局和全国水产技术推广总站的大力支持下，近期出版了一批《水产养殖系列丛书》，受到广大养殖业者和社会各界的普遍欢迎，连续收到许多渔民朋友热情洋溢的来信和建议，为今后渔业科普读物的扩大出版发行积累了丰富经验。为了落实国家"科技兴渔"的战略方针、促进及时转化科技成果、普及养殖致富实用技术，全国水产技术推广总站、中国水产学会与海洋出版社紧密合作，共同邀请全国水产领域的院士、知名水产专家和生产一线具有丰富实践经验的技术人员，首先对行业发展方向和读者需求进行广泛调研，然后在相关科研院所和各省（市）水产技术推广部门的密切配合下，组织各专题的产学研精英共同策划、合作撰写、精心出版了这套《水产养殖新技术推广指导用书》。

本丛书具有以下特点：

（1）注重新技术，突出实用性。本丛书均由产学研有关专家组成的“三结合”编写小组集体撰写完成，在保证成书的科学性、专业性和趣味性的基础上，重点推介一线养殖业者最为关心的陆基工厂化养殖和海基生态养殖新技术。

（2）革新成书形式和内容，图说和实例设计新颖。本丛书精心设计了图说的形式，并辅以大量生产操作实例，方便渔民朋友阅读和理解，加快对新技术、新成果的消化与吸收。

（3）既重视时效性，又具有前瞻性。本丛书立足解决当前实际问题的同时，还着力推介资源节约、环境友好、质量安全、优质高效型渔业的理念和创建方法，以促进产业增长方式的根本转变，确保我国优质高效水产养殖业的可持续发展。

书中精选的养殖品种，绝大多数属于我国当前的主养品种，也有部分深受养殖业者和市场青睐的特色品种。推介的养殖技术与模式均为国家渔业部门主推的新技术和新模式。全书内容新颖、重点突出，较为全面地展示了养殖品种的特点、市场开发潜力、生物学与生态学知识、主体养殖模式，以及集约化与生态养殖理念指导下的苗种繁育技术、商品鱼养成技术、水质调控技术、营养和投饲技术、病害防控技术等，还介绍了养殖品种的捕捞、运输、上市以及在健康养殖、无公害养殖、理性消费思路指导下的有关科技知识。

本丛书的出版，可供水产技术推广、渔民技能培训、职业技能鉴定、渔业科技入户使用，也可以作为大、中专院校师生养殖实习的参考用书。

衷心祝贺丛书的隆重出版，盼望它能够成长为广大渔民掌握科技知识、增收致富的好帮手，成为广大热爱水产养殖人士的良师益友。

中国工程院院士

前 言

随着世界人口的快速增长以及人们对水产品消费水平的提高，海水鱼类越来越受到市场欢迎，其需求量也随之增高。渔业资源由于过度捕捞、海区污染等因素而日趋枯竭，有限的渔获量已远远不能满足市场的需求。因此，大力开展海水鱼类的增养殖生产已成为必然，对海水鱼类的规模化健康养殖技术研究、推广和示范也已经成为国内外研究热点之一。为了更好地将水产领域的科研成果转化成实用技术，服务于我国的水产养殖事业，针对当前海水鱼类繁养殖生产的要求，我们搜集了大量国内外有关资料，结合我们自身的科研实践经验，编写了《卵形鲳鲹 花鲈 军曹鱼 黄鳍鲷 美国红鱼高效生态养殖新技术》一书。本书介绍的5种海水养殖鱼类具有生长速度快、易于驯化、易于养殖等共同生产性能，是我国海水和咸淡水池塘养殖、近岸网箱和离岸深水网箱养殖的主要对象。

卵形鲳鲹 *Trachinotus ovatus* 俗称黄腊鲳、金鲳，属广盐性鱼类，体形较大，一般全长可达 45 ~ 60 厘米，大者可达 10 千克。生长较快，在养殖条件下，当年苗养殖 4 ~ 5 个月体重可达 500 克，当年养殖，即可达到上市商品鱼规格，从第二年起，每年的绝对增重量约为 1 千克；病害少，养殖成活率高，一般在 90% 以上，投入产出比达到 1∶2，经济效益显著。卵形鲳鲹几乎能适应任何生态类型的水域养殖，其人工繁殖和育苗研究始自 20 世纪 80 年代末，并曾列入国家“八五”攻关计划，20 世纪 90 年代初，广东、福建等地开始发展养殖并取得成功，1997 年在深圳市取得人工繁殖成功，自此卵形鲳鲹人工繁殖和养殖生产在我国东、南沿海迅速发展，成为粤、闽、台、琼、桂和港、澳地区，以及东南亚国家的主要养殖对象之一，近年已发展到北方沿海和内地养殖，成为我国南方浅海网箱养殖、抗风浪深水网箱养殖、池塘养殖、鱼塭养殖和立体生态养殖的一种重要鱼类，其加工出

口也同时得到迅猛发展，成为海水鱼类养殖的龙头品种和代表性种类。

花鲈 *Lateolabrax japonicus* 俗称鲈鱼、七星鲈、白花鲈等，由于其繁殖和生长于沿海，为有别于淡水生长的加州鲈等，故又称为海鲈。花鲈名列西江水域四大名鱼（花鲈、卷口鱼、鳜鱼、斑鳠）之首，是酒楼宴席的名贵河鲜，也是出口的名贵水产品。20世纪80年代末，原广东省水产局组织水产科技人员在东莞、宝安进行“万亩咸淡水池塘养鱼高产综合技术”的研究，有力地推动了广东省咸淡水池塘养鱼业的发展，花鲈就是重要的养殖品种之一。珠海斗门区白蕉镇是我国目前最大的海鲈养殖基地，2009年斗门区白蕉海鲈的养殖面积已达1.2万亩，成为当地农业经济的支柱产业。

军曹鱼 *Rachycentron canadum* 俗称海鲡，生长速度快、病害少、营养价值高，肉质细嫩，味道鲜美，是深受消费者喜爱的海水鱼；其肌肉偏白色，是制作生鱼片的上好材料。20世纪80年代末期，我国台湾省的研究人员发现军曹鱼生长快速和巨大的市场潜力之后，其网箱养殖在台湾得以迅速发展。自90年代中期开始，大陆开始从台湾输入鱼苗。随着大陆人工繁殖和育苗技术的突破以及养殖技术的发展，军曹鱼已经成为广东、海南、福建沿海的重要海水养殖对象，被称为海水网箱养殖中最有养殖前景的鱼类之一。

黄鳍鲷 *Sparus latus* 俗称黄脚鲢，该鱼肉质鲜美，营养价值高，口感极佳，向来被港、澳、穗、深等地市场视为高值的海鲜品种，有“海底鸡项”之称。幼苗经过驯化后可放养于淡水，是海淡水养殖的优质鱼种之一。南海水产研究所于1981年取得人工繁殖研究成功，近30多年来，开拓了海水和半咸淡水精养模式，深圳、珠海、香港等地进行了网箱养殖，东莞、番禺等地则开展连片池塘养殖。

美国红鱼，学名眼斑拟石首鱼 *Sciaenops ocellatus*，俗称红鼓、红鱼，又称黑斑红鲈、红拟石首鱼，原产墨西哥湾和美国西南部沿海。我国台湾省于1987年5月从美国得克萨斯州引进受精卵，经4年零5个月的驯化养殖，于1991年9月自然产卵，同年11月育出第一代鱼苗1 850尾。我国大陆于1991年从美国引进仔鱼，1995年9月，自然产卵育出第一代鱼苗，1996年育出40万尾仔鱼，在我国沿海各省、直辖市、自治区试养，初获成功，1997年掀起养殖热潮。目前在我国已普遍开展养殖。

本书在总结了近十几年来国内外进行的卵形鲳鲹、花鲈、军曹鱼、黄鳍鲷、美国红鱼养殖的研究和实践资料的基础上，系统地介绍了上述5种鱼类的生物学特性、生态习性、人工繁殖、苗种生产技术、疾病防治等内容。全书内容翔实，图文并茂，深入浅出，理论联系实际，与生产紧密结合，科学性、技术性、可操作性强，符合水产养殖业一线需求。适合水产养殖科技人员、基层养殖人员、基层水产技术推广人员使用，也可供各级水产行政主管部门的科技人员、管理干部和有关水产院校师生阅读参考。本书的作者长期从事海水鱼类人工养殖的技术研究和推广工作，积累了丰富的实践经验，编著的内容大部分来自作者的研究成果和生产实践经验，部分内容引用已发表的论文著作。限于编著者的学识水平，书中的错漏和不妥之处在所难免，敬请广大读者批评指正。

编　者

目　录

第一章　卵形鲳鲹养殖技术 ……………………………… (1)
第一节　卵形鲳鲹的生物学特性 ……………………… (1)
第二节　卵形鲳鲹人工繁殖和育苗 …………………… (5)
第三节　卵形鲳鲹养殖技术 ………………………… (20)
第四节　卵形鲳鲹病害防治技术 …………………… (30)

第二章　花鲈养殖技术 ………………………………… (32)
第一节　花鲈的生物学特性 ………………………… (32)
第二节　花鲈人工繁殖和育苗 ……………………… (37)
第三节　花鲈养殖技术 ……………………………… (46)
第四节　花鲈病害防治技术 ………………………… (60)

第三章　军曹鱼养殖技术 ……………………………… (72)
第一节　军曹鱼的生物学特性 ……………………… (72)
第二节　军曹鱼人工繁殖和育苗 …………………… (77)
第三节　军曹鱼营养需求 …………………………… (88)
第四节　军曹鱼养殖技术 …………………………… (89)
第五节　军曹鱼病害防治技术 ……………………… (93)

第四章 黄鳍鲷养殖技术 ……………………（97）

第一节 黄鳍鲷的生物学特性 ……………………（97）

第二节 黄鳍鲷人工繁殖和育苗 ……………………（105）

第三节 黄鳍鲷养殖技术 ……………………（113）

第四节 黄鳍鲷病害防治技术 ……………………（124）

第五章 美国红鱼养殖技术 ……………………（126）

第一节 美国红鱼的生物学特性 ……………………（126）

第二节 美国红鱼人工繁殖和育苗 ……………………（130）

第三节 美国红鱼养殖技术 ……………………（140）

第四节 美国红鱼病害防治技术 ……………………（151）

附 录 ……………………（155）

附录 1 渔用配合饲料的安全指标限量 ……………………（155）

附录 2 渔用药物使用准则 ……………………（157）

附录 3 食品动物禁用的兽药及其他化合物清单 ……………………（167）

附录 4 关于禁用药的说明 ……………………（170）

附录 5 海水养殖用水水质标准 ……………………（172）

附录 6 海水盐度、相对密度换算表 ……………………（173）

附录 7 常见计量单位换算表 ……………………（176）

附录 8 海洋潮汐简易计算方法 ……………………（178）

附录 9 眼斑拟石首鱼 亲鱼 苗种 ……………………（179）

附录 10 卵形鲳鲹 亲鱼 苗种……………………（184）

参考文献 ……………………（189）

第一章　卵形鲳鲹养殖技术

内容提要：卵形鲳鲹的生物学特性；卵形鲳鲹人工繁殖和育苗；卵形鲳鲹养殖技术；卵形鲳鲹病害防治技术。

卵形鲳鲹 *Trachinotus ovatus*（图 1－1）隶属鲈形目 Perciformes、鲹科 Carangidae、鲳鲹亚科 Trachinotinae、鲳鲹属，俗称黄腊鲳、黄腊鲹、金鲳、卵鲹、红三、红沙等，英文名：ovate pampano，pompano，snubonse。

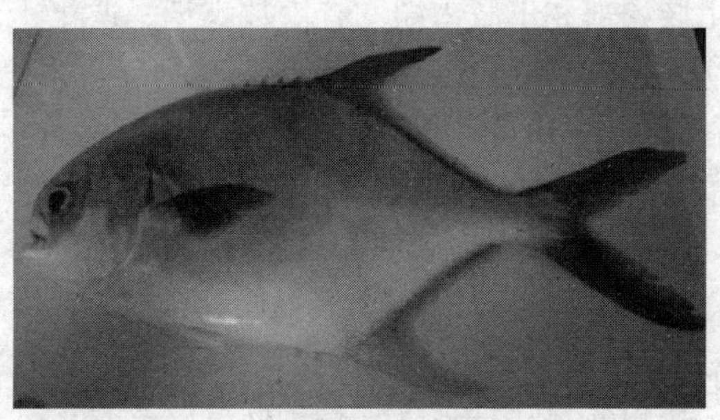

图 1－1　卵形鲳鲹 *Trachinotus ovatus*

第一节　卵形鲳鲹的生物学特性

一、地理分布与栖息环境

卵形鲳鲹主要分布于印度洋、印度尼西亚、澳洲、日本、美洲热带和温带的大西洋、地中海与离岸岛屿、非洲西岸和我国的

南海、东海、黄海、渤海等海域。分布范围主要在66°N—13°S，19°W—36°E的亚热带的半咸淡水和海洋中，深度上下限50～200米。

二、形态特征

卵形鲳鲹背鳍0－1，Ⅵ，Ⅰ－19－20；臀鳍Ⅱ，Ⅰ－17－18；腹鳍Ⅰ－5；尾鳍17。侧线上方纵列鳞约135～163个。

体呈鲳形，高而侧扁。体长为体高1.67～2.31倍；为头长3.66～4.15倍。尾柄短细，侧扁。头小，高大于长。枕骨鳍明显。头长为吻长3.7～4.92倍；为眼径的4.59～6.58倍。头长为眼间距1.17～1.54倍，吻钝，前端几呈截形。鱼小时，吻长略等于眼径；鱼大时，吻长几乎等于眼径的2倍。眼小，前位。脂眼睑不发达。口小，口裂始于眼下缘水平线上。前颌骨能伸缩，上颌后端达瞳孔前缘或稍后之下方。上下颌、梨骨、腭骨均有绒毛状牙，长大后，牙渐退化，上下唇有许多绒毛状小突起。鳃耙短，鳃耙数6＋9，上肢始部和下肢末端均有少数鳃耙呈退化状，无假鳃。腹膜颜色为白色，鳔的后端分为2叉。

头部除眼后部有鳞以外均裸露，身体和胸部鳞片多少埋于皮下。第二背鳍与臀鳍有一低的鳞鞘。侧线前部稍呈波状弯曲。第一背鳍有一向前平卧倒棘。臀鳍和第二背鳍同呈镰形，两者都显著比腹部长。尾鳍叉形。背部蓝青色，腹部银白色，体侧无斑点，奇鳍边缘浅黑色。脊椎骨10＋14。此鱼在全海水中各鳍呈现很美的金黄色及浅红色，经阳光照射会呈现红色反光。

三、生活习性

卵形鲳鲹是一种暖水性中上层洄游鱼类，在幼鱼阶段，每年春节后常栖息在河口海湾，群聚性较强，成鱼时向外海深水移动。其适温范围为16～36℃，生长的最适水温为22～28℃，该鱼属广盐性鱼类，适盐范围3～33，盐度20以下生长快速，在高盐度的海水中生长较差。该鱼耐低温能力差，昼夜不停地快速游泳，每年12月下旬至翌年3月上旬为其越冬期，三个月不摄食。通常当水温下降至16℃以下时，卵形鲳鲹停止摄食，存活的最低临界温度为14℃，如果连续两天的温度在14℃以下会出现死亡。该鱼的最低临界溶氧量较高，为2.5毫克/升，主要是活跃的游泳行为导致。它抗病力强，由混养其他鱼种中发现，如石斑鱼因车轮虫、白点病、体表溃疡症、黑鲷和黄鳍鲷因鳃病等已大量死亡，而卵形鲳鲹还是正常活泼不受影响。该鱼搬运容易，由养殖池网捕移入水泥池或网箱，鱼的鳞片不易脱落，不易受伤，供活鱼搬运不易受伤，耐力极强。在人工培育条件下，稚幼鱼不会自相残食。

四、食性与生长

1. 食性

卵形鲳鲹为杂食性鱼类，头钝，口亚端位，向外突出，稚鱼有小齿，成鱼消失。鳃耙短而稀疏，这些特征使它们便于用头部在沙里搜寻食物。成鱼咽喉板发达，可摄食带硬壳的生物，如蛤、蟹或螺等。仔稚鱼取食各种浮游生物和底栖动物，以桡足类幼体为主；稚幼鱼取食水蚤、多毛类、小型双壳类和端足类；幼成鱼以端足类、双壳类、软体动物、蟹类幼体和小虾、鱼等为食。在人工饲养条件下，体长2厘米者能取食搅碎的鱼、虾糜，幼成鱼以鱼、虾片块及专用干颗粒饲料为食。卵形鲳鲹属白昼摄食鱼类，因而人工投喂饲料宜于早晨或黄昏前进行，可用自动喷料机喷喂。

在正常的水质条件下，卵形鲳鲹的摄食率依水温而变动（表1－1）。

表1－1　卵形鲳鲹摄食率与水温变动的关系

水温/℃	17.0 (15.0～18.0)	18.6 (18.0～20.0)	21.2 (21.0～23.0)	23.6 (22.0～25.0)	25.8 (23.6～26.4)	27.0 (26.2～28.1)	28.0 (27.2～28.2)
摄食率(%)	1.2 (1.2～1.9)	3.0 (1.5～4.2)	3.4 (2.3～5.0)	7.0 (4.0～11.0)	13.9 (9.4～16.0)	12.6 (8.8～15.0)	13.7 (8.2～17.0)

注1：引自林锦宗（1995）。

2：水温与摄食栏中，上一行为平均值，下一行为变动范围。

通常水温16℃以下，卵形鲳鲹完全不摄食，当水温达16～18℃时，才少量摄食；水温22℃以上时，即强烈摄食。从表1－1可见，当水温达23.6～28℃时，摄食率即达到7%～13.7%。

2. 生长

卵形鲳鲹的体形较大，一般全长可达45～60厘米。生长较快，在养殖条件下，一般当年投苗，到年底即可收获上市。从第二年起，每年的绝对增重量约为1千克（表1－2）。

表1－2　卵形鲳鲹各年龄的体长、体重增长

年龄组	测定尾数	叉长/毫米	体重/克	年绝对增长量/克
Ⅰ	49	270（230～310）	643（400～950）	643
Ⅱ	60	368（320～400）	1 520（950～2 000）	877
Ⅲ	8	467（424～504）	2 756（2 250～3 300）	1 236
Ⅳ	8	500（480～520）	3 669（3 300～4 050）	913

注1：引自林锦宗（1995）。

2：表中，括号为范围，括号外为平均值。

五、繁殖习性

卵形鲳鲹属离岸大洋性产卵鱼类，天然海区孵化后的仔稚鱼1.2～2厘米开始游向近岸，长成13～15厘米幼鱼又游向离岸海区。卵形鲳鲹的性成熟年龄，据方永强等（1996）对该鱼早期卵子发生显微及超微结构的研究，表明在1～2龄鱼卵巢中卵原细胞进入首次成熟分裂前期，3～4龄鱼才开始进入小生长期，往后至卵母细胞成熟，这段漫长发育历程，包括卵黄发生，生殖胚泡移位和成熟，现已记载该鱼成熟年龄为7～8年。要提早性腺发育和成熟，必须使用外源性激素，科学地培育亲鱼。在海南省三亚海区人工培育的卵形鲳鲹3～4龄鱼性腺开始成熟，该鱼的成熟季节由于地理位置不同而有明显的差别，海南三亚海区水温高，该鱼的产卵期为3—4月。广东大亚湾海区为5月，而福建沿海要到5月中旬6月初才能催产。在台湾，人工繁殖于每年4—5月开始，一直持续到8—9月。属一次性产卵鱼类，个体生殖力为40万～60万粒。

六、肌肉营养成分

蛋白质测定：半微量凯氏定氮法。脂肪测定：索氏抽提法。水分测定：105℃烘箱干燥法。灰分测定：550℃灰化法。结果为：水分68.60%，粗蛋白19.20%，粗脂肪11.00%，灰分1.18%。

氨基酸以盐酸水解法，用日立835－50型氨基酸自动分析仪测定。色氨酸在水解过程中被破坏没有测定。测定结果如表1－3所示：

表1－3　卵形鲳鲹背部肌肉的氨基酸测定结果（克/100克干样）

氨基酸	单位	氨基酸	单位
赖氨酸	5.54	胱氨酸	0.22
蛋氨酸	1.82	天冬氨酸	5.51
苯丙氨酸	2.55	谷氨酸	8.44
亮氨酸	4.78	甘氨酸	3.63
异亮氨酸	2.77	丙氨酸	3.73
缬氨酸	2.99	丝氨酸	2.20
苏氨酸	2.48	酪氨酸	2.13
组氨酸	1.50	脯氨酸	2.36
精氨酸	3.79		

第二节　卵形鲳鲹人工繁殖和育苗

一、亲鱼的来源、选择和培育

亲鱼挑选通常是在已达到性腺成熟年龄的鱼中，挑选健康、无伤，体表完整、色泽鲜艳，生物学特征明显、活力好的鱼作为亲鱼。在一批亲鱼中，雄鱼和雌鱼最好从不同地方来源的鱼中挑选，防止近亲繁殖，使种质不退化，从而保证种苗的质量。亲本不能过少，一般应达到50～100尾，所选择的最好是远缘亲本，并应定期地检查和补充，使得亲本群体一直处于最为强壮阶段。

二、亲鱼的选择和培育

1. 亲鱼网箱培育

卵形鲳鲹亲鱼培育一般多在海水网箱中进行。饲养亲鱼的网箱为3米×3米×3米的浮动式网箱，网目为30厘米，一般每立方米水体放养4～8千克亲鱼为宜，每个网箱放养亲鱼40～45尾，放养密度为3～4千克/立方米。密度小于4千克则浪费水体，不能充分利用水体的负载力；而密度大于8千克，亲鱼生活空间拥挤，容易发病，不利于亲鱼的性腺发育。

2. 亲鱼池塘培育

培育池的放养量一般在60～100千克/亩①，雌雄放养比例约为1∶1，可根据不同种类要求适当调整。

3. 日常管理

亲鱼培育的日常管理工作的好坏十分重要，是一项长期细致的工作，应专人负责。主要有以下工作：

网箱培育：每天早晚巡视网箱，观察亲鱼情况，并且检查网箱是否有破损，防止网箱意外破损亲鱼逃走。以新鲜或冷冻的小杂鱼为饵料，主要种类有蓝圆鲹、青鳞鱼、金色小沙丁鱼等，日投饵2次，日投饵率为鱼体重的3%～5%。投喂时，注意观察鱼的摄食情况，一有异常，立刻采取措施；若水质不好，当天少投喂或不投喂。若水质好，亲鱼摄食量少或不摄食，应把网箱拉起一半，仔细观察亲鱼的情况，必要时取几尾样品，进行镜检，若有病鱼，尽快进行隔离治疗，防止交叉感染。冬季前一个月，亲鱼每天必须喂饱，使亲鱼贮存足够的能量，安全渡过冬天。每年12月下旬至翌年3月上旬为亲鱼的越冬期，每日投饵很少或不投饵。

定期更换网箱，并对鱼体进行消毒处理。20天左右换一次网。干净网箱下水前，一定要检查是否破损，网纲是否坚固。必须加网盖，

---

① 亩为非法定计量单位，1亩≈666.7平方米，1公顷=15亩，余下同。

防止亲鱼跳出网箱和鸟类掠食。台风季节，必须做好防台风工作准备，检查渔排的锚绳是否坚固，并且把锚绳拉紧，同时检查网箱情况。每次台风来临前都要检查一次，并且把网箱全部加上网盖（图1－2）。

图1－2　卵形鲳鲹亲鱼海水网箱培育

池塘培育：亲鱼的日投喂量一般控制在亲鱼体重3%～5%，投喂后要及时清除残饵，这对预防鱼病发生，保持水质不被污染十分重要。池水的透明度一般要保持在30厘米左右，水质稳定。在亲鱼性腺迅速发育时期每星期冲水一次，以促进性腺发育。要勤观察亲鱼的摄食及活动情况，发现异常情况及时检查分析原因，及时处理。

4. 产前强化培育

每年越冬期过后的4—5月期间，即产卵前一个半月至2个月为强化培育阶段，要对亲鱼进行强化培育，以保证亲鱼的正常生长发育。一些地方在海上网箱进行强化培育，精养一般选择水流状态好的网箱养殖区进行。精养密度为5.5米×5.5米×3.0米的网箱放养4～10千克/尾的亲鱼90～100尾为宜。有些地方则将亲鱼移入室内进行强化培育。在室内强化培育期间，亲鱼的放养密度为2～2.5千克/立方米，在这阶段，每天投喂2次，上下午各一次，喂到亲鱼饱食为止。亲鱼的饵料以新鲜、蛋白质含量高的牡蛎、小杂鱼、枪乌贼、玉筋鱼、蓝圆鲹、沙丁鱼、虾蟹等为主，投喂量为鱼体重的4%，同时在饵料中加入强化剂（成分为维生素、鱼油等），日投饵率为3%～5%，每次投喂的强化剂为亲鱼体重的0.33%，促进亲鱼

的性腺发育。每日换水2次，换水量为180%～200%，每半个月，以LRH－A催熟。一般经过一个半月至2个月的强化培育，亲鱼可以成熟，能自然产卵了（图1－3）。

图1－3　卵形鲳鲹亲鱼室内水池强化培育

检查亲鱼成熟程度的方法是：用手轻轻挤压鱼的腹部，精液就会从生殖孔流出来，表示雄鱼成熟了。雌鱼可用采卵器或吸管，从生殖孔内取出的卵，已经呈游离状态，表示雌鱼成熟了。此时，就可以把亲鱼移到产卵池产卵，或在网箱四周加挂2～2.5米深的60目筛绢网原地产卵。

三、催产

4月初，当水温升至20℃左右，即可进行人工催产，在水温已达23℃以上时选择腹部有所膨大的亲鱼进行催产。催产可在海上网箱和室内水泥池中进行。以海上网箱催产为佳，其操作方便，环境变化小，利于产卵。产卵网箱选择60～80目筛绢网做成，与养殖网箱同规格，套在养殖网箱内即可（图1－4和图1－5）。亲鱼注射激素后置于其中。卵形鲳鲹雌雄个体副性征不明显，且成熟雌亲鱼腹部不见膨大，雄亲鱼也不易挤出精液，所以催产时不分雌雄。

图 1－4　卵形鲳鲹亲鱼海上网箱产卵

图 1－5　卵形鲳鲹亲鱼海上网箱产卵观察

催产激素用绒毛膜促性腺激素（HCG）和促排卵素 2 号或 3 号（LRH－A_2或 LRH－A_3）混合或单一进行催产，剂量视亲鱼的成熟度而定。水温低成熟度较差时剂量用大些，水温高成熟度较好时剂量可调小。HCG 一般为 400～500 国际单位/千克，LRH－A_2或 LRH－A_3为 1.2～3.50 微克/千克。行背肌或胸鳍下方腹腔注射（图 1－6）。注射后雌雄性比按 1∶1 或 1∶1.2 的比例放入产卵网箱或催产池内，让其自然产卵、受精。一般在头一天上午注射催产，第三天凌晨产卵，激素的诱导效应时间为 28～40 小时。卵形鲳鲹在外形上雌雄不易区别，生产操作中只能随机投放催产网箱，一般 5.5 米×5.5 米×3.0 米的催产网箱放入 50 尾左右就可。

图 1－6 卵形鲳鲹亲鱼室内催产

从表 1－4 中可看出卵形鲳鲹在三亚海域 3～4 龄鱼中已有部分亲鱼成熟、可催产获产，孵化正常苗，在 4～5 龄组催产获产率为 50%，5 龄以上亲鱼已完全成熟。

表 1－4 2005 年海南陵水卵形鲳鲹亲鱼催产情况

亲鱼催产（月.日）	年龄组/龄	亲鱼体重/千克	催产组数	激素用量 HCG＋$LRHA_2$（国际单位＋微克）	获产情况		获产组平均获产量/克	受精率（%）	孵化率（%）	理化因子		
					获产组数	（%）				水温/℃	盐度	pH 值
3 月 14—15 日	3～4	3.0～4.0	30	500＋2.0	6	20	100	85	92	27～28	32	7.4
3 月 14—15 日	4～5	4.0～5.0	30	500＋2.0	15	50	180	90	95	27～28	32	7.4
3 月 14—15 日	5 以上	6 以上	30	500＋2.0	27	90	300	90	95	27～28	32	7.4

亲鱼注射激素后在海上渔排密网中自然产卵受精，待卵产出后用密网把卵捞出，运到陆上育苗室，在孵化桶中进一步清除死卵及由海水带进的其他浮游生物等杂物，再用过滤海水洗净，称重（计

数)，然后直接移入培育池中孵化。池水微充气，以保证受精卵在水中均匀分布顺利孵化。产卵过后几天未见亲鱼继续产卵，表明卵形鲳鲹属一次性产卵类型。

四、孵化

卵形鲳鲹的成熟卵呈圆形，透明无色，卵膜光滑，浮性，卵径950～1 010微米，平均卵径为967.8微米；油球一个，微黄色，位于卵的正中央，平均油球直径为342.76微米，约占卵径的1/3（图1－7）。

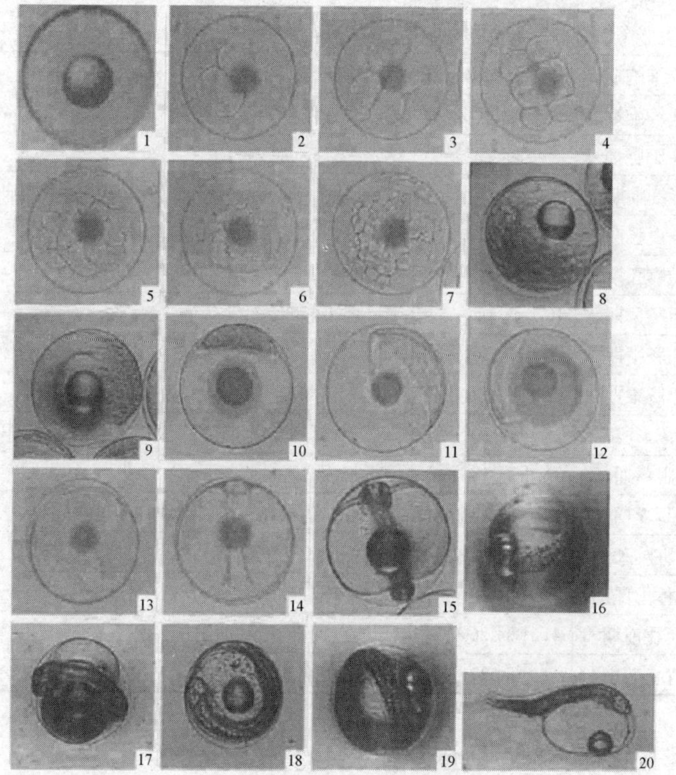

图1－7　卵形鲳鲹的胚胎发育

1. 受精卵；2. 2细胞期；3. 4细胞期；4. 8细胞期；5. 16细胞期；6. 32细胞期；7. 64细胞期；8. 多细胞期；9. 高囊胚期；10. 低囊胚期；11. 原肠早期；12. 原肠中期；13. 原肠末期；14. 胚体形成期；15. 眼囊期；16. 耳囊期；17. 心脏跳动期；18. 晶体出现期；19. 孵化前期；20. 初孵仔鱼

卵形鲳鲹受精卵在水温为18～21℃、盐度为31的条件下，胚胎发育历时41小时27分钟后孵出仔鱼。胚胎发育各期见表1－5。

表1－5 卵形鲳鲹的胚胎发育

发育期	发育时间	发育特征
受精卵	0小时	卵质分布均匀
胚盘隆起	45分钟	原生质集中于动物极，形成帽状细胞
2细胞期	1小时10分钟	第一次分裂
4细胞期	1小时30分钟	第二次分裂
8细胞期	2小时05分钟	第三次分裂
16细胞期	2小时55分钟	第四次分裂
32细胞期	3小时20分钟	第五次分裂
64细胞期	3小时45分钟	第六次分裂
多细胞期	4小时35分钟	分裂后期，细胞越分越小，形成桑椹状多细胞体
高囊胚期	4小时45分钟	胚胎分裂成高帽状，分裂细胞较大
低囊胚期	5小时50分钟	胚层变扁，分裂细胞变小
原肠早期	10小时05分钟	囊胚层下包卵黄约1/3
原肠中期	16小时20分钟	囊胚下包卵黄约1/2～2/3，出现胚盾
原肠末期	21小时47分钟	囊胚下包卵黄约4/5，出现雏形胚体
胚体形成期	25小时30分钟	胚层细胞完全包围卵黄，胚孔封闭，克氏泡出现
眼囊期	31小时58分钟	眼囊形成，尾芽隆起
耳囊期	32小时13分钟	尾与卵黄囊分离，色素出现，听囊形成
心脏跳动期	36小时15分钟	胚体扭动，心脏跳动
晶体出现期	41小时13分钟	视杯中出现晶体
孵化前期	41小时26分钟	胚体在卵膜内扭动加剧
仔鱼孵出	41小时27分钟	仔鱼破膜而出

五、仔、稚、幼鱼发育

（一）卵形鲳鲹早期发育特征

卵形鲳鲹的早期发育，依据外部特征，内脏器官形成，生活习性变化等特点，根据Kendall和殷名称（1984，1991）提出的划分标准，将卵形鲳鲹早期发育分为以下几个阶段。

1. 卵黄囊仔鱼

初孵仔鱼（0 日龄）：卵黄囊体积大呈椭圆形，油球一个，位于卵黄囊的中后端。卵黄囊长径（1.218±0.077）毫米，短径（0.814±0.031）毫米，油球直径（0.340±0.046）毫米。黑色素遍布全身，头与卵黄囊紧密相连，脊索自眼后缘开始贯穿于全身，眼囊呈淡灰色，眼囊的上方出现嗅囊、后方出现听囊，听囊内有左右 2 块耳石。孵出 12 小时后，卵黄囊和油球均分布有点芒状的黑色素。消化管呈直线状，尚未与外界相通，肛凹已明显，心脏位于身体中轴线偏卵黄囊左侧，搏动有力，心率平均为（139.6±2.91）次/分钟，血液无色，肌节 23，呈“V”形，口窝开始发育，身体已出现绕躯干以及尾部连贯的无色透明鳍膜，出现胸鳍芽，仔鱼时而垂直向上冲游，头顶后方可见微隆的脑室（图 1－8－1）。

1 日龄仔鱼：卵黄囊、油球体积缩小，卵黄囊长径（0.480±0.103）毫米，短径（0.320±0.051）毫米，油球直径（0.259±0.024）毫米。黑色素颜色变深，鳍膜开始增高；眼囊开始有黑色素的沉淀，胸鳍原基出现，位于 2～3 肌节之间，背面观呈“耳”状。出现鳃裂，肠道清晰，进一步增粗，肛门完成发育。仔鱼头朝下，悬浮在水中，一般不游动（图 1－8－2）。

2 日龄仔鱼：卵黄囊、油球进一步缩小，卵黄囊长径（0.413±0.071）毫米，短径（0.259±0.036）毫米，油球直径（0.219±0.015）毫米。鳔出现一个室且开始充气，心脏结构清晰看见，血液红色，胸鳍发育成扇形。仔鱼多作短时斜向上冲游，尚未能水平游动。鳃盖雏形形成，鳃呈弓形，鳃丝、鳃耙不明显。口已张开，口前下位，还不能进食（图 1－8－3）。

3 日龄仔鱼：卵黄囊轮廓很模糊，被吸收大部分，长径（0.381±0.046）毫米，短径（0.195±0.034）毫米，油球直径（0.205±0.010）毫米。仔鱼开始摄食，在肠道内可见轮虫等食物，仔鱼进入混合营养阶段。鳔增大，直径（0.256±0.025）毫米。胃、肠道不断增厚，眼囊和眼晶体已完全变黑。仔鱼具趋光性，仔鱼贴孵化箱四壁游动，开始集群活动（图 1－8－4）。

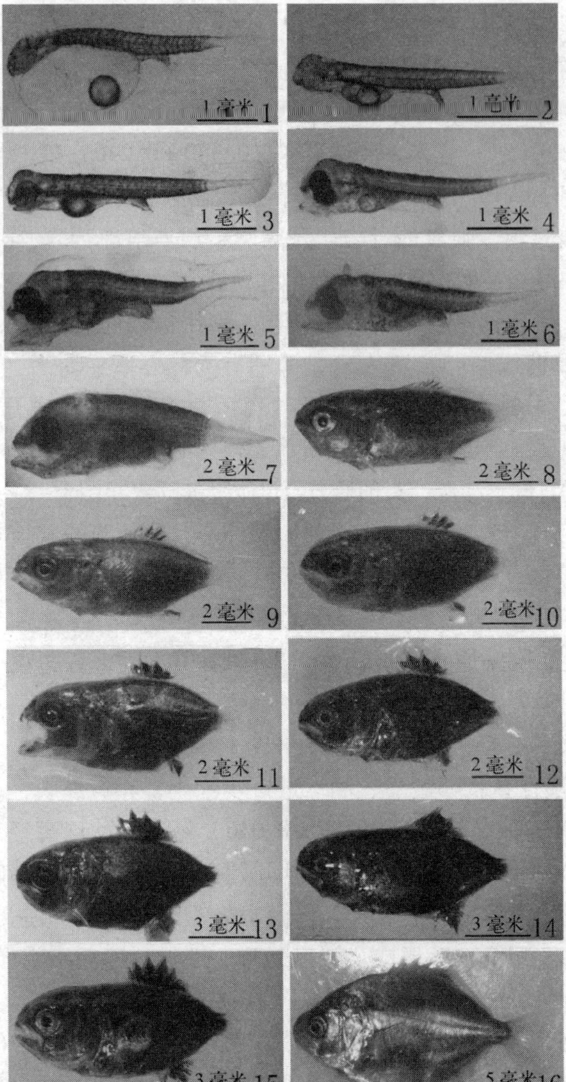

图1－8　卵形鲳鲹的早期发育

1. 初孵仔鱼；2. 1日龄仔鱼；3. 2日龄仔鱼；4. 3日龄仔鱼；5. 4日龄仔鱼；6. 5日龄仔鱼；7. 7日龄仔鱼；8. 10日龄仔鱼；9. 12日龄仔鱼；10. 13日龄仔鱼；11. 14日龄仔鱼；12. 15日龄仔鱼；13. 16日龄仔鱼；14. 17日龄仔鱼；15. 18日龄稚鱼；16. 22日龄幼鱼

2. 尾椎弯曲前仔鱼

4 日龄仔鱼：卵黄物质完全吸收，卵黄囊消失，油球还有残余，直径（0.192 ±0.012）毫米，脊索仍为直线状（图1－8－5）。

3. 尾椎弯曲仔鱼

6 日龄仔鱼：油球消失，仔鱼进入外源营养阶段，脊索开始向上弯曲，体形逐渐变宽，尾鳍开始发育，出现鳍条。消化道已贯通，胃、肠道进一步加粗，肠道出现第一道回褶，能清楚地看到肠道的蠕动，在肠道内能看到轮虫等食物，观察到有拖便现象。脊索上下出现 3～4 道的黑色素条带，背鳍棘原基发育较慢，呈圆形。仔鱼进行水平游动，60% 仔鱼的头部出现银色色素，背部出现红褐色素（图1－8－6）。

7 日龄仔鱼：在鱼体的头部、腹部出现银色的斑点。主鳃盖骨前缘出现 3 个小棘，中间一个较长，两边的较短，棘透明，呈针状。背鳍褶前端变窄，靠近头部的已有隆起原基，后缘分叉，尾鳍进一步发育，呈扇状，在肛门的后缘已有臀鳍原基的形成，背鳍的发育比臀鳍要快一些。仔鱼在饱食后体色变为银色（图1－8－7）。

10 日龄仔鱼：胸鳍发育迅速，鳍条发育明显（图1－8－8）。

12 日龄仔鱼：背鳍具 5～6 根硬棘，鳍条 15～16 根，具有黑色素。解剖观察，鳔出现第二室。仔鱼绝大部分为银色。仔鱼主要处于中上水层，在饥饿时处于池中四周，受惊时迅速潜入水中。肌节转为“W”型，口进一步变大，游泳迅速（图1－8－9）。

13 日龄仔鱼：臀鳍鳍条基本长成，具有鳍棘 3 根，臀鳍条 17～18 根（图1－8－10）。

4. 尾椎弯曲后仔鱼

14 日龄仔鱼：脊椎弯曲完成，尾下骨后缘与体轴垂直。在头部的下后部出现腹鳍芽，鱼体进一步侧扁，背鳍、臀鳍鳍条变宽变粗（图1－8－11）。

15 日龄仔鱼：尾鳍开始分叉，在池中水面观察 80% 仔鱼的体色变为银色，集群活动（图1－8－12）。

16 日龄仔鱼：仔鱼出现拖便现象（图1－8－13）。

17 日龄仔鱼：腹鳍发育完成，鳍条 5 根，形状很小，尾鳍分叉程度进一步加深（图 1－8－14）。

5. 稚鱼

18 日龄稚鱼：各鳍发育完成，背、臀鳍上具有黑色素，观察到在尾鳍的基部皮下长出少量鳞片，肌肉组织变得肥厚，进入稚鱼期（图 1－8－15）。

6. 幼鱼

22 日龄幼鱼：全身布满银色鳞片，各鳍都具有黑色色素，各鳍均已长成，背鳍的基底约等于臀鳍基底，均长于腹部，胸鳍短圆形，尾柄短细，无隆起棘，侧线呈直线或微呈波状，此时幼鱼形态已和成鱼相似，鳍式：D. Ⅵ，Ⅰ—19～20，A. Ⅱ，Ⅰ—17～18，P，18～20，Ⅴ. Ⅰ—5，C. 17（图 1－8－16）。

六、种苗培育

（一）室内水泥池培育

1. 培育条件

育苗用水经过砂滤，入池前再经 250 目筛绢网过滤。育苗水质以水温 20～26℃、盐度 27～33，pH 值 8.2～8.4 为宜。仔鱼孵化出来后，即加入小球藻液，浓度保持在 40×10^4～50×10^4 细胞/毫升，使水色呈浅绿色，一直到投喂卤虫无节幼体时止。光照强度控制在1 000～3 000 勒克斯。

2. 培育管理

培育前期微充气。随着仔鱼的生长逐渐加大充气量，仔鱼孵出后第 6 天开始换水，吸污，以后则每天换水一次，换水量在仔鱼期为 20%，稚鱼期为 30%～60%，幼鱼期为 100%～200%，在稚鱼期每星期吸污一次，投鱼糜后每天吸污一次。

3. 饵料及投喂

仔鱼开口后投喂褶皱臂尾轮虫，并保持轮虫密度 5～10 个/毫升，从 16 日龄起开始投喂卤虫无节幼体。轮虫及卤虫无节幼体在投喂之前用轮虫专用营养强化剂强化，同时，若有条件，可投喂桡足类。投喂卤虫的前期，密度保持在0.2～0.5个/毫升，后期可加大投喂量，使之密度增至1～1.5个/毫升。26日龄开始投喂鱼糜，前期每天投喂1～2次，后期增加投喂次数至每天4～5次。上述几种饵料在投喂时间衔接上各有3～5天的重叠交叉时间，缓慢过渡。

4. 仔稚幼鱼培育

卵形鲳鲹的初孵仔鱼全长2.6～2.8毫米，孵化第二天，背部黑色素即迅速增加，在水中仔鱼呈现黑色，孵化第三天仔鱼的卵黄囊基本吸收完毕，油球只剩少许，开口摄食轮虫，在显微镜下可观察到胃肠内有轮虫。5日龄仔鱼白天即在池角部集群，5～12日龄仔鱼积极摄食轮虫，这期间未见仔鱼大量死亡，仔鱼数量只是缓慢减少，13日龄时仔鱼体长6～8毫米，开始投喂卤虫无节幼体，仔鱼摄食后腹部即呈肉红色，身体其余部分均为黑色，此时鱼体向体高方向生长。尾鳍经常呈90度弯曲，运动速度不是很快，有时长时间停留原处。投喂卤虫无节幼体后仔鱼的生长速度加快，20日龄体长达8～12毫米，体色仍为黑色，摄食卤虫后0.5小时，尾后即出现拖粪现象，长度一般与体长相当，有的甚至超过体长的一倍，粪便细小，肉红色。这一时期的仔鱼喜欢集群，密度极高，有时甚至出现少数仔鱼被顶出水面，这种聚群现象积极，并不为光线所影响，夜间也如此。随后几天，仔鱼即出现卵形鲳鲹所特有的变色现象，白天饱食后，遇光同色即变为白色，特别是背部颜色变的最为明显、快速，遇到惊吓或用抄网捞起，仔鱼体色又立即变回黑色，这一特性可以一直维持到40日龄、体长25毫米前后。28日龄时即能摄食鱼糜，能远距离快速冲向食物，此时仔鱼局部密集堆积的现象消失，代之以做无序快速游泳，速度极快，不论白天和黑夜，一刻不停地运动，后期（体长20～30毫米）这一现象逐渐消失，代之以集体沿池壁环绕快速游动，终日不停。游泳速度极快，且日夜不停，这在其他鱼类中罕见。40日龄稚鱼体长达20～25毫米，摄食量剧增，45日龄已长达

25～30 毫米。

在卵形鲳鲹的种苗生产中，有 2 个死亡高峰期，一个是在孵化后 3～7 日龄，即开口摄食后最初几天，仔鱼数量缓慢下降，但这一下降幅度不会超过 20%；第二个死亡高峰期为 15～20 日龄，即投喂卤虫无节幼体后，尽管进行了高度不饱和脂肪酸的强化，但效果仍不理想，死亡率最高可达 50%～70%，若在这一阶段投喂桡足类等饵料，死亡率可大大降低。

（二）室外土池培育

1. 清池肥水

用生石灰、茶籽饼、敌杀死等药物彻底清塘，施肥培养肥水，一般清池 10～15 天后放苗，在仔鱼下塘前 3～5 天，每亩泼黄豆粉 1～2 千克以培育水中浮游生物（图 1－9）。

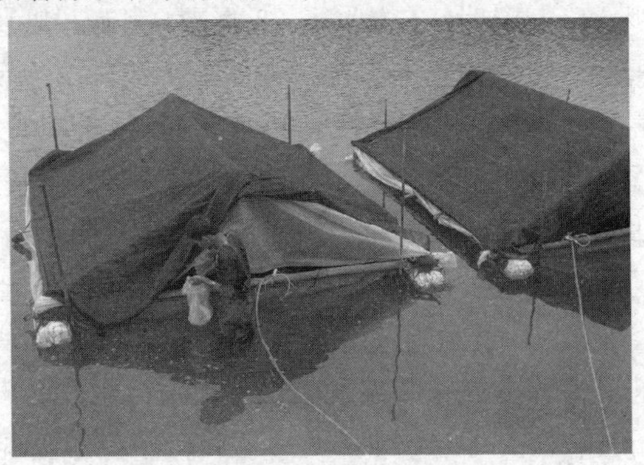

图 1－9 卵形鲳鲹早期仔鱼室外土池培育

2. 放养密度

10 万～15 万尾/亩。

3. 投饵

初期投喂黄豆粉及鳗鱼饵料，7～10 日龄后投喂枝角类桡足类。当苗体长达 0.8 厘米以上时，可投喂鱼肉糜、淡水枝角类等。

4. 排换水

放苗初期不换水，仅每天少量添水，7 日龄每天换水 15%～

20%，投喂鱼虾肉糜后每天换水量增加达30%～40%。

5. 巡塘

每天早中晚各一次，观察水色，定期检测。观察池塘中浮游生物的种类、数量的变化，鱼苗的生长、活动、摄食等情况，以便安排次日的投饵、换水和防病工作。

一般经30～40天的精心培育，大部分鱼苗体长已达到2.5厘米左右即可出池（图1－10、图1－11）。

图1－10　卵形鲳鲹鱼苗出池

图1－11　鱼苗短途运输

第三节 卵形鲳鲹养殖技术

一、池塘养殖技术

（一）养殖前准备工作

放养前要对养殖池进行干塘，暴晒，除去污泥，进水（养殖用水经进水沙滤池过滤后进入养殖池），施放生石灰、漂白粉等进行消毒。池塘放鱼种前需“培水”，咸淡水池塘养鱼的水色一般要以小球藻、衣藻和小环藻为主群体的绿、硅藻类进行调控，水色呈绿色或褐绿色为宜，透明度 30～40 厘米。要设法控制硅藻类、裸藻类和蓝藻类的过量繁殖，并要设法控制适量枝角类和桡足类的生长，使水色和水质保持相对稳定。所有的鱼苗从放苗开始必须经过驯化、分级饲养和人工定点诱食驯饵过程。

（二）养殖管理

卵形鲳鲹是杂食性鱼类，可投喂全价配合饲料。可先用网箱将其驯食，使其有摄食人工饲料的习惯，约用 15 天左右，然后再在网箱周围上一层网约 50 平方米，把网箱降下让其自然走出网箱，每次投喂都要敲击食台，让其有摄食自然反应的习惯，在围网驯食 20 天后把围网拆除，网箱培育期每天喂 4 餐，围网培育期每天喂 3 餐，拆网后每天喂 2 餐，卵形鲳鲹有食进又吐出，再摄食新食物的习惯，吐出的食物会沉入底部或浮在池角，故投饵量不宜过多，避免污染水质，一般投喂时见到只有少部分摄食时就可停止投喂，阴雨天不投喂。

饲养期间调控好各项水质指标，透明度 40～50 厘米，pH 值 8.2～9.0，溶解氧高于 4.5 毫克/升，有机耗氧量 6～10 毫克/升，氨氮小于 0.1 毫克/升，浮游植物总生物量 20～30 毫克/升。

（1）每天对水色、天气、投饵、用药、鱼的摄食、生长、病害等情况进行列表登记，以便于及时总结和提高养殖技术。

（2）饲养期间，池塘定期添换水，使水中溶氧量维持在4.5毫克/升以上，谨防泛塘。发现鱼不摄食或摄食很少，可能是由于环境不适，或水体严重缺氧，或池内有有毒物质，应及时检查原因，采取必要的措施。

（3）定期用生石灰、漂白粉、溴氯海因或二溴海因等进行水质消毒。定期对水质进行检测：每天早晚各测量一次水温、盐度、溶解氧、氨氮、亚硝酸盐等各项指标。

在整个养殖期间主要通过使用生物净水剂、光合细菌等防治病害。生物制剂既能抑制有害细菌繁殖，减少病害发生，又能分解池中富余的有机物质，降解氨氮，同时也可作为池塘中浮游生物、虾类的饵料。养殖前期每20天使用一次光合细菌，养殖后期每10天使用一次，用量视产品说明。用大黄、穿心连、板蓝根各0.25千克，搅拌或药汁拌入50千克饲料中投喂，每月1~2次，可增强鱼的免疫力，预防鱼病发生。同时每10天在饲料中加入0.2%~0.4%的维生素C、多维等营养物质1~2次，增强鱼的抗病能力。

（4）南方雨季时间长，连续暴雨会使水体盐度急剧下降，除及时排出上层水外，还可洒些粗盐、海水晶或抽取地下咸水资源经暴气过滤调节后加入池塘内，通过升高局部水体盐度来缓解外部水体环境变化造成鱼不适应而死亡的现象。

（5）注意水的气味，水体中的有机物夜间大量耗氧，或有毒物质大量溢出，引起鱼缺氧或中毒死亡。有风时水面如果出现泡沫，表明有机质过多，应尽快换水，采取必要的水质调控措施。

（6）检查堤坝是否有漏洞，如有应及时堵塞。同时，夜晚坚持巡塘，观察鱼群的活动情况、是否有发病的症状，及早做好预防措施。白天巡塘注意观察塘边是否有死鱼，注意死亡的状态和地点，及时捞出检查、分析确定病因。

（三）养殖实例

（1）广东省珠海市2003年度分别在金湾区三灶镇及平沙镇两地进行卵形鲳鲹精养试验，其收到的经济效益是可喜的。养殖结果见表1－6。

表1-6 卵形鲳鲹池塘养殖情况

地点	养殖面积/亩	放苗量/万尾	放苗时间	养殖周期/天	产量/千克	养殖总成本/万元	总产值/万元	利润/万元
三灶镇	25	4	6月10日	186	10 800	14.5	21.7	7.2
平沙镇	11	2.1	5月3日	202	5 750	8.2	12.3	4.1

（2）卵形鲳鲹分别与斑节对虾和南美白对虾混养。珠海市于2004年4—10月，用6个池塘（面积约为10亩/个）进行试验。其中1、2号塘混养斑节对虾，3、4号塘混养南美白对虾，5、6号塘为纯养殖卵形鲳鲹。试验用卵形鲳鲹平均体长3.0～4.0厘米，平均体重4.2克/尾，每亩投放1 800尾。斑节对虾和南美白对虾规格分别为1.1厘米、0.8厘米，斑节对虾苗放苗密度0.8万尾/亩，南美白对虾1.5万尾/亩。放苗前培育适量藻类、枝角类和桡足类，作为虾苗的前期饵料，对虾养殖20～30天后放养卵形鲳鲹鱼苗。对虾在投放卵形鲳鲹鱼苗前投喂0#虾料，放养鱼苗后，对虾不再投喂，自行觅食鱼料残饵、鱼粪、浮游生物。试验结果见表1-7。

表1-7 卵形鲳鲹分别与斑节对虾、南美白对虾混养效益情况

塘号	鱼产量/千克	卵形鲳鲹成活率（%）	虾产量/千克	对虾成活率（%）	虾产值/元	合计利润/元
1号塘	5 500	81.4	750	28	37 500	76 000
2号塘	5 050	75.0	30	1	1 500	31 000
3号塘	5 450	80.6	1 200	64	20 400	60 000
4号塘	5 400	80.1	1 500	80	25 500	65 000
5号塘	5 480	80.6	0		0	35 000
6号塘	5 500	81.4	0		0	35 500

由上表可以看出2种对虾都能与卵形鲳鲹搭配养殖。斑节对虾与卵形鲳鲹混养，若不发生重大病害，能够得到很好的综合效益。同时，还试验每亩套养15～20尾300克的鳙鱼，可以摄食水体过多的藻类，到卵形鲳鲹收成时同样达到上市规格。但斑节对虾易于发病，稍有不慎对虾就全军覆灭，大量的死虾对卵形鲳鲹也构成威胁，万一出现这种情况要妥善处理好。与南美白对虾混养，虽然比成功混养斑节对虾的利润要低，但南美白对虾的抗病力相对比斑节对虾强，其投入的成本也比斑节对虾要低，密度不宜太大。

（3）卵形鲳鲹越冬养殖。珠海市于2004年11月中旬到翌年3月下旬在2口水面积为10亩，深2.5米的池塘进行了越冬养殖试验。养殖海水盐度10～12，pH值7.0～9.0，并有丰富的淡水资源。池底装置有充气式管道增氧，池塘上盖薄膜冬棚作挡风保温作用，并配备必要的加温装备，保温棚内的气温在18℃，水温在16℃以上。养殖饲料在鱼苗5厘米以下用鱼花开口粉料，5厘米以上用1毫米的膨化饲料投喂，每日投喂4～5次。养殖情况见表1－8。

表1－8　卵形鲳鲹越冬养殖试验结果

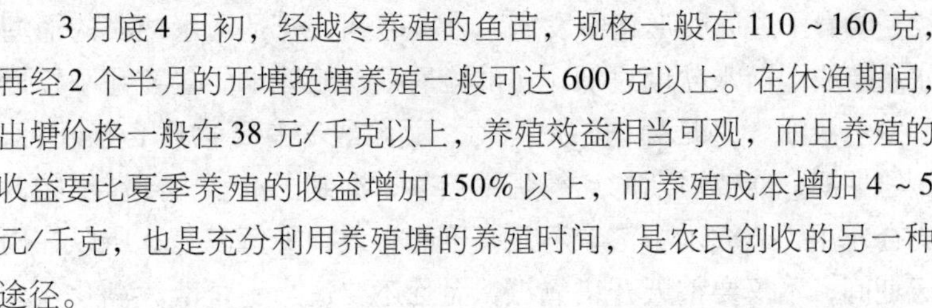

塘号	面积/亩	放苗量/尾	天数/天	出塘规格/（克/尾）	产量/千克	成活率（%）
塘1	10	40 000	136	128	3 840	75.0
塘2	10	40 000	136	132	3 775	71.5

3月底4月初，经越冬养殖的鱼苗，规格一般在110～160克，再经2个半月的开塘换塘养殖一般可达600克以上。在休渔期间，出塘价格一般在38元/千克以上，养殖效益相当可观，而且养殖的收益要比夏季养殖的收益增加150%以上，而养殖成本增加4～5元/千克，也是充分利用养殖塘的养殖时间，是农民创收的另一种途径。

（4）深圳市2002年4月至2003年10月在大鹏镇高位池进行

卵形鲳鲹养殖试验，2 年共养殖卵形鲳鲹 26 亩，鱼苗投放密度为 2 000 尾/亩，经 4 个月养殖均达到上市要求。成品鱼平均规格：体重 453. 66 克、体长 22. 63 厘米、全长 28. 85 厘米。平均亩产 900 千克、饵料系数 1. 47，成活率 95. 8%。按市场价 20 元/千克计算，每亩产值 3. 6 万元，扣除水电、饵料、药品、人工等成本费用，毛利约 2. 0 万元（图 1－12）。

图 1－12　卵形鲳鲹高位池养殖

养殖卵形鲳鲹要注意以下几点：

①混养品种的各个品种放养殖密度不宜过密，密度过大，鱼虾溶氧量也大，水中溶氧量过低，就会抑制鱼虾成长，严重时引起鱼虾窒息死亡。同时，放养过密，养殖品种本身的排泄物过多，它们在水中积累，影响水质。对虾每亩放苗不宜超过 2. 5 万尾，卵形鲳鲹每亩放养不宜超过 4 000 尾。

②暴雨过后卵形鲳鲹发病，分析原因：一是雨水冲淡的池塘水，造成池塘水盐度过低，在试验后期，池塘水的盐度几乎接近于完全淡水。二是暴雨过后氨氮、亚硝酸等有毒物质含量超标，饲验期间，养殖后期的连续阴雨天气，抑制了池水中浮游植物的光合作用，造成水中溶氧不足，不能有效地降解氨氮，所以在雨天期间，不仅要整天开增氧机，而且还要适当地全池泼洒化学增氧剂。

③养殖卵形鲳鲹水深不宜过浅，一般要求在1.8米水深以上，试验期间珠海斗门白蕉镇也有多家农户养殖卵形鲳鲹，但大部分在养殖中后期的雨天后暴发疾病，调查结果为大部分池塘过浅，不能有效地稳定水质，易发生环境突变，同时，水深过浅使卵形鲳鲹不能生长在适宜渗透压环境中，长期的环境不适造成抗病能力下降，环境突变造成疾病暴发。

④使用生物制剂，不仅能有效地控制水质，减少病害，同时不会造成养殖品种的药物残留，达到健康绿色标准。我国加入WTO后，欧美等国家都提高了对水产品进口的检测，所以应全力推广健康养殖，尽量少用或不用化学药物，生产绿色食品，达到出口要求，提高产品市场竞争力。

（5）北海市2009年在所辖铁山港区营盘镇青山头海水养殖基地开展卵形鲳鲹与南美白虾全生态混养技术研究示范，试验池塘面积80亩。通过应用微生物ATP菌、纯中药苦参碱、胆汁酸等，有效防控养殖病害，养殖获得成功。亩产对虾335千克，总产量26.8吨，平均规格49尾/千克；亩产卵形鲳鲹832千克，总产量66.6吨，平均规格0.707千克/尾，成活率90.5%；总销售收入221.5万元，利润总额105.5万元。带动推广鱼虾混养面积达1 200亩，取得较好的经济效益。

二、网箱养殖技术

（一）海区选择

深水网箱养殖卵形鲳鲹的海区选择非常重要，卵形鲳鲹为暖水性洄游鱼类，海区最好选择在有淡水注入的海区，如越冬需考虑海区最低水温。网箱底距离海底以最低潮位计，以2米左右为宜，风浪平静，交通便利。

（二）网箱准备

鱼种放养前1天将洗净消毒后检查无破损的网衣系挂于网箱框架上，并潜水对网箱锚泊系统进行一次全面检查，网衣水面部分内侧加挂密围网，以防浮性饵料随潮流流失。

（三）种苗饲养

体长6厘米左右的鱼苗，放养密度为40～50尾/立方米水体。用深水网箱养殖时，7～9厘米的鱼苗可放60尾/立方米。鱼苗下箱前用淡水浸泡消毒，有些地方则在放苗前用聚维酮碘10克加海水50千克制成药液，将鱼苗放入药液浸泡3～5分钟进行消毒。饵料主要有2种类型：下杂鱼和人工配合饲料。因卵形鲳鲹的口较小，下杂鱼一定要新鲜，要搅碎防止鱼骨卡住咽喉。每日投喂3次，早、午、晚各1次（5:30—6:30、11:30—12:30、17:30—18:30）。投饵量按鱼体规格而定：100克以下为鱼体重的4%～6%；100～300克为鱼体重的3%～4%；300克以上为鱼体重的2%～3%。根据气候、水温、水质、潮流等实际情况适当调整投饵时间和投饵量。

（四）日常管理

加强安全检查，为防止逃鱼，要经常对网箱进行检查。在台风过后，检查网箱有无破损，有无逃鱼的现象发生；网箱下海一段时间后，有污损生物附着在网箱主浮管和网衣上，要及时消除网箱附着物；对每天水温、盐度、鱼摄食、天气变化以及鱼病等作详细的记录（见图1－13、图1－14）。

图1－13　卵形鲳鲹传统网箱养殖

图 1－14　卵形鲳鲹深水网箱养殖

（五）养殖实例

（1）广东省水产技术推广总站与有关单位合作，于 2005 年开展卵形鲳鲹海水网箱养殖试验，试验地点位于阳江市闸坡港海水网箱养殖区，试验在 10 口规格为 6 米×6 米×6 米的网箱中进行。使用膨化饲料，鱼种规格 130～140 克/尾。试验从 2005 年 7 月 14 日开始，至 2005 年 10 月 16 日结束，共收获商品鱼 26.42 吨，平均体重达 491 克，平均成活率 97.44%；平均相对增重率 259.25%；饲料系数平均为 2.29。使用试验膨化饲料喂养的卵形鲳鲹生长良好。按试验料 1 包（20 千克）115 元计算，养殖卵形鲳鲹的饲料成本为 13.16 元/千克，卵形鲳鲹商品鱼市价为 26 元/千克（见表1－9）。

表 1－9　卵形鲳鲹海水网箱养殖试验结果

箱号	放养规格/克	放养数量/尾	收获时间（月.日）	收获鱼总重量/千克	用饲料量/千克	死亡数量/尾	平均体重/克	成活率（%）	相对增重率（%）	饲料系数
1	140	4 500	9 月 30 日	2 276.0	3 820	140	522	96.89	261.27	2.32
2	140	5 500	9 月 27 日	2 852.5	4 560	270	545	95.09	270.45	2.19
3	135	5 500	10 月 16 日	3 114.5	5 500	147	582	97.33	348.15	2.32
4	135	5 500	9 月 27 日	2 958.5	4 600	129	551	97.65	313.78	2.08

续表

箱号	放养规格/克	放养数量/尾	收获时间（月.日）	收获鱼总重量/千克	用饲料量/千克	死亡数量/尾	平均体重/克	成活率（%）	相对增重率（%）	饲料系数
5	120	5 700	9月20日	2 513.0	3 840	118	450	97.93	267.40	2.10
6	120	5 800	9月20日	2 426.5	3 780	136	428	97.66	248.63	2.18
7	130	6 000	10月16日	2 759.0	5 500	149	472	97.52	284.62	2.78
8	135	5 700	9月9日	2 672.5	3 560	82	476	98.56	247.30	1.87
9	140	5 500	10月16日	2 637.5	5 200	151	493	97.25	292.86	2.78
10	140	5 500	9月9日	2 211.0	3 140	88	409	98.40	187.14	2.18
合计（平均）		55 200		26 421	43 500	1 410	491	97.44	259.25	2.29

（2）南海水产研究所于2005年7月在广东湛江用深水网箱进行卵形鲳鲹养殖试验，试验选在湛江特呈岛东南海域，该海域水深8～12米，盐度20～28，潮流性质为不正规半日潮，流速在0.85米/分钟以内。深水网箱为圆型，网箱直径13米，网深6米，深水网箱4个为一组，网箱间距10米，网衣圆台形，网箱底部用水泥块作为沉子。试验深水网箱的养殖水体约500立方米。试验于2005年7月17日放苗，苗种规格为7～9厘米，平均体重为16.8克，共投放苗种30 000尾，放养密度为60尾/立方米。投喂卵形鲳鲹专用饲料，日投喂3次。11月14日收网起鱼，养殖周期118天，共起鲜鱼29 020尾，平均规格为430克/尾，共重12 479千克，每立方米产鱼24.9千克。饵料系数为1.95。平均成活率为96.7%。

（3）广东海洋大学2004年在高位池塘和海区网箱进行养殖卵形鲳鲹的比较试验。9个月的养殖中，通过定期测量鱼的体长、体重，比较这两种养殖方式的成活率和生长情况。结果显示，在高位池养殖和海区网箱养殖的成活率分别为88.6%和90.3%，两者差别不明显，但卵形鲳鲹在高位池塘养殖比在自然海区网箱养殖生长快（表 1－10）。

表 1－10　高位池、网箱养殖卵形鲳鲹的成活率及产量

试验条件	总放养数/尾	放养密度	成活率（%）	收获规格		总产量/千克	单产
				平均体长/厘米	平均体重/克		
高位池 5.3 亩	5 200	1 000 尾/亩	88. 6	27.4	514.9	2 374	456.1 千克/亩
网箱 64 立方米	1 600	25 尾/立方米	90.3	25.3	442.7	659.3	10.3 千克/立方米

经济效益及生产成本构成见表 1－11 和表 1－12。高位池总收入 75 968 元，投入产出比 1∶1.52，单位利润为 5 002 元/亩，而网箱养殖的总产值为 19 120 元，投入与产出比为 1∶1.48，两者差别不明显，单位利润为 97 元/立方米。

表 1－11　卵形鲳鲹高位池、网箱养殖成本构成（元）

项目	高位池养殖	网箱养殖
租金	4 160	1 000
苗种费	9 360	2 880
饲料	20 511	6 646
工资	9 600	1 500
药费	1 700	900
电费	4 600	/
总成本	49 931	12 926

注：苗种 1.8 元/尾；饲料 1.6 元/千克。

表 1－12　高位池、网箱养殖卵形鲳鲹经济效益对比

试验条件	总产量/千克	单价/（元/千克）	总产值/元	总成本/元	投入产出比	总利润/元
高位池	2 374	32	75 968	49 931	1∶1.52	26 037
网箱	659	29	19 120	12 926	1∶1.48	6 194

第四节 卵形鲳鲹病害防治技术

鱼病是影响卵形鲳鲹成活率的重要因素，由于网箱养殖放养密度大，一旦鱼发病，交叉感染速度快，病情难以控制，易造成大量死亡。因此平时要做好预防工作，发现鱼病要及时治疗。另外，还需注意网衣和围网因受潮流漂移时对鱼体的影响。

一、皮肤溃烂病

病原体为弧菌和假单胞杆菌，主要症状为体表皮肤溃疡，体色呈斑块褪色，食欲不振，缓慢浮游于水面，鳍和躯干部等发红或出现斑点状出血，吻端或鳍膜烂掉，突眼，肛门发红扩张，有黄色黏液流出。感染苗种和成体。防治方法：①育苗池在使用前用50～100毫克/千克漂白粉消毒；②每天用1～2毫克/千克土霉素全池泼洒，连用3天；③按50～100毫克/千克体重剂量投喂药饵，连喂5～7天。

二、车轮虫病

病原体为轮虫，主要症状为鱼体变黑，不摄食，游动无力，浮于水表面。体表面黏液分泌过多，白浊。严重时鳃组织坏死，病鱼呼吸困难。主要感染成鱼。防治方法：①土池养殖可用25～30毫克/千克福尔马林药浴24小时；②网箱养殖可用淡水加100～150毫克/千克福尔马林药浴15～25分钟。

三、鱼虱病

病原体为鱼虱，主要症状表现为鱼离群，焦躁不安，食欲减退，消瘦，并有摩擦身体的现象。感染阶段为成鱼。防治方法：①土池养殖可用含量为90%的晶体敌百虫0.25～0.30毫克/千克全池泼洒；②网箱养殖可用淡水加90%的晶体敌百虫10毫克/千克药浴 10 分钟。

四、白点病

病原体为海水白点虫，主要症状表现为体表、鳃、鳍等部位出现许多小白点，黏液增多，感染处表面呈点状充血，鳃组织贫血。防治方法：①土池养殖可用含量 2 毫克/千克的蓝天使药浴，一个疗程 7 ~ 14 天；②网箱养殖可将网箱拖到潮流畅通的区域。

第二章　花鲈养殖技术

内容提要：花鲈的生物学特性；花鲈人工繁殖和育苗；花鲈养殖技术；花鲈病害防治技术。

花鲈 *Lateolabrax japonicus*（图 2－1）隶属鲈形目 Perciformes，鮨科 Serranidae，花鲈属，俗称鲈鱼、七星鲈、白鲈、白花鲈等，由于其繁殖和生长于沿海，为有别于淡水生长的加州鲈等，故又称为海鲈。英文名：Japanese sea bass，Japanese sea perch。

图 2－1　花鲈 *Lateolabrax japonicus*

第一节　花鲈的生物学特性

一、地理分布与栖息环境

花鲈广泛分布于西北太平洋沿岸的我国、日本、朝鲜及韩国沿海，在我国沿海有丰富的天然种苗资源，其中以南海较多。在珠江水系，西江、北江和东江都有其分布。

二、形态特征

花鲈背鳍Ⅻ，Ⅰ－13；臀鳍Ⅲ－7－8；胸鳍15－18；腹鳍Ⅰ－5；尾鳍17。侧线鳞72－77。体延长，侧扁。体长为体高3.5～4.3倍，为头长3～3.4倍。背腹缘皆钝圆。弓状弯曲均不大，体高以背鳍起点处为最高。头长大于体高，为吻长4～5.2倍，为眼径4.6～5.7倍。吻较尖。眼中等大，侧上位，靠近吻端。眼间隔宽大于眼径。鼻孔2，圆形，紧相邻，位于眼前缘，前鼻孔具瓣膜，口大，倾斜，下颌长于上颌，上颌骨后端扩大，后端达眼后缘下方。两颌牙细小，呈带状。犁骨及腭骨具绒毛齿。舌上无齿。前鳃盖骨后缘具细锯齿，隅角处锯齿大，下缘有3棘。鳃盖骨有扁平棘。鳃耙细长，最长鳃耙长于最长鳃丝。鳃耙7－9＋14。

鳞小，栉状齿弱，排列整齐。头部除吻端及两颌外均被鳞。背鳍及臀鳍基底被低的鳞鞘。侧线完全沿体侧中央近直线形。

2个背鳍，分离，仅在基部相连。背鳍鳍棘发达，第五与第六鳍棘最长，最长鳍棘长于最长鳍条。臀鳍起点于背鳍第六鳍条下方。第二鳍棘最强大。胸鳍较小，位低。腹鳍位于胸鳍下方。尾鳍分叉。

体背部青灰色，腹部灰白色。体背侧及背鳍棘散布有若干黑色斑点。此斑点常随年龄逐渐消失。背鳍条及尾鳍边缘黑色。各鳍无色。

三、生活习性

花鲈为广温、广盐性鱼类、多生活于近岸浅海中下层，喜栖息于河口咸淡水处，水深在50米内、波浪平稳、底质砂砾、海藻丛生的海区。也有直接进入淡水湖泊中，因此可进行淡水池塘养殖。在水深20米以上，盐度高达34的海域，也可捕到花鲈。冬季表层水温－1℃的条件下可以生存，夏季在38℃的河口浅滩亦有发现。花鲈幼鱼常集群，成鱼则多分散栖息，结群不大，作长距离洄游。冬季移向深水区产卵和越冬。产卵期为10月至翌年1月。产卵水

温 14～24℃，海水盐度 18～25。仔稚幼鱼早春出现于沿岸海区，成群溯河进入河口水域，并常随水流混入鱼塭池塘中。广东省花鲈的鱼苗汛期为 1 月底至 4 月初。

试验表明，花鲈鱼苗对逐步变化的盐度的适应范围较广，为 0～30，但骤变的盐度不宜超过 5 左右。

四、食性与生长

1. 食性

花鲈为肉食性凶猛鱼类，贪食、食量大，一次摄食量可达体重的 5%～12%。主要以鱼虾类为食，在河口水域主要摄食梅童鱼、鲚鱼、龙头鱼、梭鱼、银鱼等，也食虾、蟹、虾蛄等，在鱼塭及对虾养殖池中大量吞食鲻鱼类和对虾，被视为敌害鱼类。潘炯华等（1985）对采集的体长 3～4 厘米的鲈鱼苗进行食性解剖观察，发现其消化管中含有大量的体长约 1.5～2 厘米的鲻类鱼苗，出现率达 64.2%。花鲈的摄食强度随季节而异，春夏季摄食较强。而在一天当中，花鲈喜在偏晨偏昏时摄食。人工养殖条件下，能摄食适口的冰鲜下杂鱼块。当水温下降至 12℃以下时，花鲈的摄食强度下降，7℃以下几乎停止觅食。

2. 生长

由表 2－1 可见，花鲈在低纬度地区的生长比高纬度地区快，这与温度、饵料等因子有关。

表 2－1　花鲈在不同水域的年生长速度　　单位：毫米

区域	Ⅰ龄	Ⅱ龄	Ⅲ龄	Ⅳ龄
珠江口	330	499	625	705
长江口	290	422	536	617

引自据萧学铮等（1987）。

在池塘养殖条件下，由于饵料充足，花鲈的生长也较快，在粤东饶平县，体长 3 厘米的花鲈鱼苗，经过 2 年的饲养，体长可达 400 毫米，体重达 2 千克。在珠江口地区，花鲈一年四季均能生长，适宜水温 18 ~ 32℃，最适水温为 25 ~ 30℃。在池养条件下，盐度对各龄花鲈生长未构成明显影响，一般盐度在 20 以下生长正常，高盐度环境反而生长缓慢。快速生长年龄在Ⅲ—Ⅳ龄。

五、繁殖习性

花鲈为雌雄异体，雄性先熟种类。雄鱼 2 龄性成熟，最小叉长 47. 7 厘米，雌鱼 3 龄性成熟，最小叉长 52. 5 厘米，4 龄全部性成熟。体长 51 ~ 61 厘米的花鲈怀卵量为 17. 7 万 ~ 23. 3 万粒，一尾在长江口捕获的体长 91 厘米，体重 9. 5 千克的雌鱼怀卵量达 209. 04 万粒。花鲈每年产卵一次，栖息在不同的海区亲鱼，其产卵期也不同，总的趋势表现为北方较早，南方较迟（表 2 – 2）。

表 2 – 2　花鲈在不同海区的繁殖季节

海区	繁殖季节
黄渤海	8 月下旬至 10 月底
东海	10—12 月
南海	12 月至翌年 2 月

在繁殖季节，花鲈亲鱼通常游到河口沿岸岩礁间产卵，产卵期水温 14 ~ 20℃，盐度 20 ~ 24。花鲈的繁殖水域分布范围很广，为沿海 10 米等深线及其以内的近河口的海、淡水交汇处水域。

根据花鲈卵巢的外部形态和组织学特征，其发育成熟过程可划分为：

Ⅰ期　卵巢呈细线状，透明，紧附在鳔与体壁的交界处，肉眼无法辨别雌雄。从组织切片上观察，主要由卵原细胞和稚龄的卵母细胞组成。细胞呈不规则多角形，排列紧密。卵径 8 ~ 30 微米，核较大、呈圆形，具 7 ~ 15 个核仁。

Ⅱ期　性未成熟或重复发育的卵巢呈透明细带状，肉眼看不出卵粒。在光学显微镜下，可见卵母细胞紧密排列于蓄卵板上，呈不规则圆形，卵径 32 ~ 178 微米，核大，核径 18 ~ 94 微米，核仁 1 ~ 30 个，位于核周。以第 2 时相的卵母细胞为主，也有少量第 1

时相卵母细胞。重复发育的卵巢显著较大，呈空囊状，卵母细胞排列不紧密，有时可见退化卵的残余，血管和结缔组织多，卵巢壁厚。

Ⅲ期 卵巢呈扁筒状，体积显著增大，长度占体腔的 2/3 ~ 3/4，淡黄色。肉眼能看出卵粒，但彼此不能分离。在组织切片中，以开始积累卵黄的 3 时相卵母细胞为主。卵母细胞开始出现辐射带，具有 2 层滤泡膜，细胞圆形、椭圆形或不规则形，卵径 148 ~ 468 微米，核圆形或椭圆形，核径 42 ~ 139 微米，核仁 3 ~ 22 个。

Ⅳ期 卵巢呈长囊状，橘黄色，几乎充满整个体腔，血管发达。在组织切片中，以 4 时相的初级卵母细胞为主。早期的 4 时相卵母细胞核周围的卵黄球稀少，后期卵黄球迅速增加，充满整个核外空间，在卵黄球之间夹杂着许多小油滴。随着发育，油滴由小变大，由多变少。卵径 343 ~ 622 微米，核径 73 ~ 128 微米。

Ⅴ期 卵巢极度膨大，充满整个腹腔，卵游离，从滤泡排出到卵巢腔内，此时轻压腹部，卵便流出体外。在组织切片中，核仁消失，油球开始融合。游离卵具 1 ~ 4 个油球。卵径 773 ~ 811 微米。

Ⅵ期 产完卵后的卵巢。卵巢显著萎缩，紫红色，呈厚囊状。在组织切片中有许多空滤泡，还有少量残留透明卵，结缔组织和血管较多。随着空滤泡和残留卵的被吸收，卵巢转入再发育的Ⅱ期。

花鲈属一次分批产卵鱼类，卵细胞为部分成熟型，即产过一批卵后，卵巢内还有大量沉积有卵黄的Ⅳ期卵母细胞，在适宜的环境条件下，卵细胞迅速积累卵黄，进行第二批产卵。每一批产出的成熟卵数为 16 万 ~ 25 万粒。

六、肌肉营养成分

根据测定结果，每 100 克花鲈的营养成分如表 2 – 3 和表 2 – 4 所示。

表 2-3　花鲈的营养成分

成分名称	含量	成分名称	含量	成分名称	含量
可食部/克	58	水分/克	76.5	碘/微克	0
能量/千焦	439	蛋白质/克	18.6	脂肪/克	3.4
碳水化合物/克	0	膳食纤维/克	0	胆固醇/毫克	86
灰分/克	1.5	维生素 A/毫克	19	胡萝卜素/微克	1.5
视黄醇/毫克	19	硫胺素/微克	0.03	核黄素/毫克	0.17
尼克酸/毫克	3.1	维生素 C/毫克	0	维生素 E（T）/毫克	0.75
钙/毫克	138	磷/毫克	242	钾/毫克	205
钠/毫克	144.1	镁/毫克	37	铁/毫克	2
锌/毫克	2.83	硒/微克	33.06	铜/毫克	0.05
锰/毫克	0.04				

表 2-4　花鲈的氨基酸组成　　单位：毫克

成分名称	含量	成分名称	含量	成分名称	含量
异亮氨酸	901	亮氨酸	1 577	赖氨酸	1 512
含硫氨基酸（T）	0	蛋氨酸	0	胱氨酸	0
芳香族氨基酸（T）	1 413	苯丙氨酸	767	酪氨酸	646
苏氨酸	915	色氨酸	181	缬氨酸	1 004
精氨酸	1 435	组氨酸	403	丙氨酸	0
天冬氨酸	1 215	谷氨酸	2 558	甘氨酸	1 344
脯氨酸	1 024	丝氨酸	811		

第二节　花鲈人工繁殖和育苗

一、亲鱼的来源、选择

1. 亲鱼来源

用于苗种生产的亲鱼有几个来源：直接捕捞天然海区亲鱼进行选择；直接捕捞天然海区的成鱼，经一段时间蓄养后进行选择；

直接捕捞天然鱼苗，进行培育和群体选择；从养殖的商品鱼中进行培育和选择。海捕的亲鱼最好为定置网的渔获物，不易受伤，易于暂养成活。亲鱼用车载水箱充气运输，水池充气暂养。对于伤重的亲鱼可用高锰酸钾等药物进行体表消毒，必要时注射庆大霉素等以保其康复。

2. 亲鱼选择

花鲈开始繁殖的年龄和最小体重不应低于下列要求：雌鱼 4 足龄，最小体重 3 千克；雄鱼 3 足龄，最小体重 2 千克。所选择的个体应是形态标准、鳞片完整、无疾病、无外伤者。选择率 70% 左右。在繁殖季节期间，雌鱼腹部膨大、柔软、前后大小均匀，生殖孔松弛红润。取卵检查，卵呈橘黄色，饱满而有光泽，卵径在 0.65 毫米以上。雄鱼的选择标准为轻压鱼的腹部，有乳白色精液流出，精液遇水能散开。

二、亲鱼的培育和选育

（一）鱼苗的选育

1. 鱼池面积

培育鱼苗的池塘面积为 1 ~ 5 亩，水深 1.5 ~ 2 米以上，不渗漏，沙泥质底，水源充足，注水和排水方便。

2. 清塘消毒

用生石灰等药物彻底清塘消毒，生石灰用量（干重）为 75 ~ 100 千克/亩，3 天后加入新鲜海水 50 厘米，每亩施放有机肥 100 ~ 200 千克或无机肥 0.5 ~ 1 千克（氮：磷 = 10：1），用于培养饵料生物。

3. 鱼苗的筛选与培育

天然捕捞的鱼苗经过除杂后放入鱼池，每亩的放养密度为 30 000 ~ 40 000 尾，投喂淡水枝角类，鲜活小毛虾、鱼浆等，经过 30 余天的培育，鱼体长达 4 ~ 5 厘米时进行筛选。

4. 选择率

鱼苗阶段的选择率为50%左右。

5. 选择标准

所选留的鱼苗应生长快、个体大、体色鲜明、健壮无病，将入选者移入网箱或池塘进行养殖。

（二）鱼种、成鱼的选育

将鱼种、成鱼放入网箱养殖，每年分箱一次，挑选体质健壮、无病无伤、色泽鲜明、鳞片完整、生长快的个体作为培育亲鱼用。

（三）后备亲鱼的培养

1. 养殖环境

选择潮流畅通、水质清新、风浪平静的海域，放养后备亲鱼，采用较大的网箱放养，规格为3米×4米×3米，放养密度为1～2尾/立方米。

2. 投饵

以新鲜小杂鱼为主，辅以适当的配合饲料并添加维生素E、多维等营养剂。

三、催产和受精

（一）人工催产

选择腹部膨大、前后腹部大小匀称柔软、生殖孔松弛而红润的花鲈亲鱼，挖卵检查，卵径在0.7～0.75毫米以上，放入海水中能很快分离，细胞核偏位，用这样的雌亲鱼进行催产效果较好。雄亲鱼则以轻压腹部能流出精液者为好。所采用的催产剂有鱼类脑垂体（PG），人类绒毛膜促性腺激素（HCG），促黄体生成素释放激素类似物（LRH－A）等。

花鲈属分批非同步产卵型鱼类，注射次数视亲鱼年龄、性腺成熟度及生态条件不同而异，最高可催产4～5次。催产的参考用量：雌鱼为HCG 4 000～5 000国际单位/千克＋LRH－A 40～50微克/

千克，雄鱼剂量减半。

注射液的配制方法：将PG放在研钵或玻璃匀浆器中研碎，用0.6%～0.9%的生理盐水制成悬浊液；HCG和LRH－A用0.6%～0.9%的生理盐水溶解。按每尾鱼1～3毫升的用量配制，施行背部肌肉或胸鳍基部注射。可采用分次注射的方法，第一针注射总剂量的1/3或1/2，24小时后注完全量。

激素注射后的效应时间因水温、催产剂种类、注射次数、亲鱼的年龄、性腺成熟程度等条件不同而异。在水温16～18℃时，用LRH－A注射，效应时间为22～26小时左右。

（二）产卵受精

1. 自然受精

将催产后的亲鱼放入产卵池，产卵池一般为30～50立方米，保持黑暗和安静的产卵环境。亲鱼要有一定的数量，并给予一定的流水刺激，以助亲鱼发情产卵。一般在催产后36～72小时，就可发现雄鱼猛烈追逐雌鱼，用头部顶撞雌鱼的腹部，互相摩擦，这表明亲鱼即将产卵、排精。亲鱼产卵后1小时即可收卵，用溢水法收集随水流出来的卵子，放入清洁海水中洗去污物后将漂浮在上层水中的卵子移出，经计数后放入孵化池中。

2. 人工授精

根据效应时间和发情情况适时捕起亲鱼，将雌鱼腹部朝上，抬高头部，轻压腹部，卵流动通畅，晶莹透明，有厚实感，吸水后手感有弹性，卵能上浮时，立即进行人工授精。用干布抹干鱼体，将鱼卵挤入干燥的盆内，然后把雄鱼精液挤在卵子上，用羽毛或手指轻轻搅拌2分钟，静置片刻，用清水洗卵。重复3～4次后移入孵化池中。

3. 产后亲鱼保健

产后亲鱼注射亲鱼保健剂或抗菌药物，若有外伤，可用抗菌素软膏涂抹伤口后放入网箱或鱼池精心饲养。

四、孵化

孵化用水要求水质清新、无污染，经严格的沉淀过滤，无杂质和其他有害生物，比重控制在1.019～1.023之间，pH值保持在8～8.6，水温17～19℃，溶解氧大于5毫克/升。

孵化密度：一般水体放卵40万～50万粒/立方米，孵化池放卵20万～30万粒/立方米。孵化缸（桶）水体放卵80万粒/立方米。还有些地方将受精卵置于锥形网箱中孵化，这种网箱的尺寸为箱口直径80厘米，箱体高60厘米，锥形体高40厘米（图2－2）。放卵量为100万～150万粒/立方米，底部放置气石充气，充气量以网内水体能均匀缓慢翻动为准。

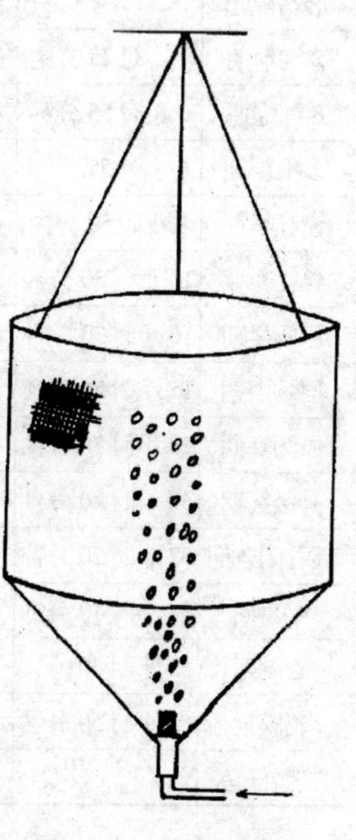

图2－2　孵化网箱

孵化管理：采用静水微充气孵化，气量控制在以卵子能均匀分布，不浮面积聚，不沉底为原则。每天换水一次，换水量60%左右，每天吸底一次，卵出膜时要及时捞起水面的卵膜及脏物。若采用网箱孵化的方法，则每天换水2～3次，更新一个全量。每2小时清洗网壁1次，以防胚胎挂壁，及时清除死亡个体。

五、胚胎和仔、稚、幼鱼发育

（一）花鲈的胚胎发育

花鲈的卵子为分离的球形浮性卵，卵膜较薄，光滑透明，具韧性。受精卵卵径较大，1.25～1.35毫米。油球一个，呈橘黄色，油球径0.34～0.38毫米。在18℃、比重1.022的条件下，花鲈受精卵历时84小时50分钟孵化出仔鱼，其胚胎发育过程如表2－5和图2－3所示。

表 2－5 花鲈胚胎发育过程（水温 18℃、比重 1.022）

发育阶段	经历时间	发育特征
受精卵		卵呈球形，浮性透明，卵径 1.25～1.35 毫米
胚盘隆起	1 小时	原生质集中于动物极隆起形成胚盘
2 细胞期	1 小时 25 分钟	胚盘纵裂，分成大小大致相等的 2 个细胞
8 细胞期	2 小时 56 分钟	在第一条分裂沟侧产生 2 条分裂沟，分成 8 个细胞
多细胞期	6 小时 55 分钟	经多次分裂，细胞数量增多，胚盘逐渐变圆
囊胚早期	8 小时 50 分钟	胚盘离开卵黄而隆起，囊胚高度占整个卵子高度的 1/3
囊胚晚期	12 小时 30 分钟	囊胚层细胞卵黄扩展，囊胚下降覆盖在卵黄囊上
原肠早期	16 小时 30 分钟	囊胚不断下包，占全卵 2/5，胚环出现
原肠中期	25 小时 50 分钟	囊胚不断下包，占全卵 2/3，胚环出现三角突起
原肠晚期	28 小时 30 分钟	胚盾加大伸长，胚体雏形出现
神经胚期	30 小时 20 分钟	头部膨大，胚盾下陷形成神经沟
胚孔闭合期	32 小时 20 分钟	下包完成，胚孔闭合，出现眼泡、耳囊、嗅囊
尾芽期	38 小时 10 分钟	尾芽再现，胚体色素增加，胚体肌节 17 对
心跳期	55 小时 30 分钟	心脏跳动，90 余次/分钟，胚体开始抽动
出膜期	84 小时 50 分钟	胚体抽动加剧，尾部不断摆动，多是尾先破膜
初孵仔鱼		体长 4.4～4.6 毫米

（二）花鲈仔稚幼鱼的发育

花鲈的胚后发育可分为前仔鱼期、后仔鱼期、稚鱼期和幼鱼期 4 个阶段（图 2－3）。

前仔鱼期 从孵化当天到 5～9 日龄、卵黄囊消失。初孵仔鱼全长为 3.5～4.5 毫米。卵黄囊直径为 1.05 毫米，肌节 19＋18＝37 对。孵化后第 4 天，消化道与肛门相通。5～9 天后，仔鱼全长 5.23～6.24 毫米，卵黄囊消失、开口摄食，进入后仔鱼期。

后仔鱼期 从 9～36 日龄，即从卵黄囊消失至奇鳍膜即将分化。孵化后 16 天，前鳃盖骨下缘长出 2～3 个小棘，孵化后 30～36 天，奇鳍膜开始分化，这种分化始于第 13～26 对肌节处，并出

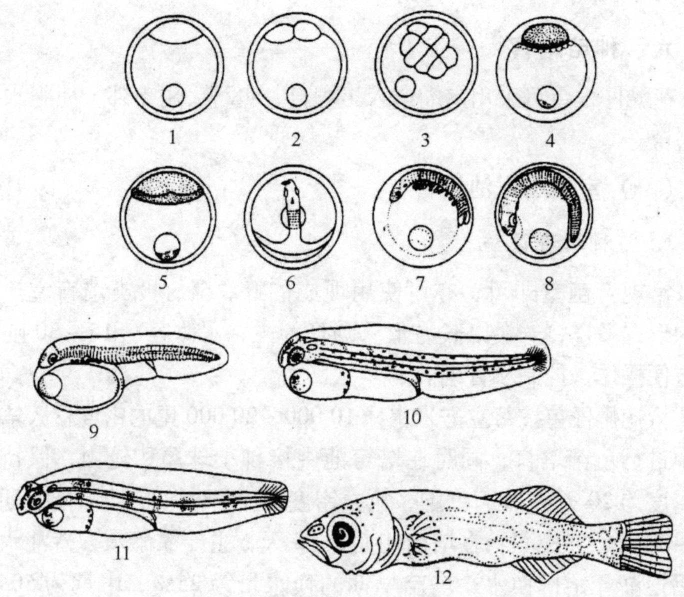

图 2-3　花鲈胚胎和仔、稚鱼发育

1. 受精卵；2. 二细胞期；3. 八细胞期；4. 高囊胚期；5. 原肠胚期；6. 胚体雏形；7. 胚体绕卵黄 1/2；8. 孵化前期；9. 初孵仔鱼；10. 孵后 17 小时仔鱼；11. 孵后 34 小时仔鱼；12. 体长 13.7 毫米仔鱼

现第二背鳍、臀鳍原基。进入稚鱼期。

稚鱼期　30 日龄至 56～63 日龄，即从奇鳍膜分化至出现一定数量的棘、鳍条。孵化后 45 日龄，出现腹鳍芽，臀鳍鳍条 9～10 条，背鳍鳍条 11～12 条，尾鳍鳍条 18～20 条。在第 47 日龄时，出现第一背鳍。52 日龄背鳍、臀鳍鳍条已达到成鱼的数目，稚鱼已不透明。至 56～63 日龄，稚鱼全长 23.51～25.97 毫米，鳞片由腹部开始逐步向上蔓延到鳃盖，进入幼鱼期。

幼鱼期　56～85 日龄，即从鳞片出现到鳞片覆盖全身，全长 23.51～36.71 毫米，形如成鱼。至 85 日龄时，鳞片已覆盖全身。

六、种苗培育

花鲈仔稚鱼可采用室内全人工培育，也可采用室外土池肥水生态培育。

（一）室内水泥池培育

1. 苗种培育设施

常规育苗室即可，亦可使用现成的虾、蟹、贝类培育室。水池的形式多样，一般以长方形、圆形为主，水体容量15～30吨比较方便操作、控制和管理。

将初孵仔鱼按每立方米水体10 000～20 000尾的密度移入培育池中进行鱼苗培育，同时在培育池中接种小球藻和轮虫，保持藻类密度为20万～30万细胞，轮虫密度为5～8个/毫升，投喂期为20～30天。微充气，在培苗初期3～5天，主要靠添水，待池水加满后逐渐开始排换水，培苗早期的换水量为25%，中期为50%，后期加大至100%。每天或隔日用吸污器清底一次。从第20天开始，投喂卤虫无节幼体，并保持其密度为1～2个/毫升，与此同时，可逐渐驯化鱼苗摄食配合饲料，投喂期一直持续到第50天。如条件许可，可从第30天起投喂桡足类和枝角类，第45天以后，可投喂下杂鱼虾制成的肉糜。

待鱼苗全长达到30毫米左右进入幼鱼期，能顺利摄食肉糜或配合饲料，即可出售，或出池转入海上网箱或陆上池塘进行中间培育。出池方法以常规放水、拉网取样计数即可。

2. 室外土池培育

室外土池培育采用肥水生态培育和人工投喂相结合的方式。在鱼苗入池之前，先将仔鱼放养在室内水池，放养密度为每立方米水体50 000～80 000尾，放养期间，每天换水一次，虹吸池底一次，微充气，气量控制在使鱼苗能平游摄食、均匀分布为宜。开口仔鱼经4～6天的培育，体长达5～6毫米，摄食和活动能力增强，即可出苗，出苗时操作要仔细，做到鱼苗不离水，带水计数。

用于育苗的土池面积2～6亩，水深为1.0～1.5米，池底平坦，淤泥少，水源充足，注排方便。用生石灰、茶籽饼、敌杀死等药物彻底清塘消毒，施肥培养肥水。一般在毒池后10～15天方可放苗。在鱼苗下塘之前，每亩泼洒黄豆粉2～4千克，用以培育池塘水中的浮游生物。有的地方则采用施肥的方法培育浮游生物，肥料的施放量为每亩100千克人粪尿或500千克猪、牛粪，一星期以后放水60～80厘米，待轮虫繁殖高峰期时投苗。

鱼苗入池之前，需用塘水试养活鱼苗24小时，确定池水毒性已消失后才能放养鱼苗，仔鱼的放养密度为每亩80 000～100 000尾。仔鱼放养后视池中饵料生物数量变化及鱼苗的摄食和生长情况，适时投喂黄豆粉、轮虫、枝角类等。10～15天后，鱼苗体长到10毫米时，可投喂新鲜的鱼虾肉糜。

鱼苗放养初期不换水，每天仅少量添水。7天后每天换水10%～20%，投喂鱼虾肉糜以后，换水量增加到30%～40%。每天早晚要巡塘，捞除池中的污物，观察池塘水色，定期检测水质，观察池塘浮游生物种类、数量的变化，鱼苗的生长、摄食、活动等情况，适时添加新水和追加化肥或人粪尿，以保持良好的水质肥力和适度的饵料生物量。

花鲈鱼苗经过40～50天的精心培育，大部分长达40毫米以上，即可拉网出苗（图2－4）。出池前一天，要停止投喂，采用活水船（或车）及塑料薄膜袋充氧运输。

图2－4　花鲈鱼苗出池

第三节 花鲈养殖技术

一、池塘养殖技术

（一）养殖场地选择

选择场址，首先要考虑水源是否充足，水质是否良好。水源水质要求无污染，各项水质因子稳定。pH 值 7.5～8.3；溶解氧 5 毫克/升以上，氨氮低于 0.1 毫克/升。无论淡水、咸淡水、全海水，只要水质符合要求，均可作为养殖水源。

若进行海水养殖，最好选择地势较低，能自然纳潮的地方建池；若进行半咸水或淡水养殖，应选择提水方便、路线短、扬程低的地方建池，以减少电费开支、降低养殖成本。建池地点的地质结构应保证池底基本不漏水、不渗水，筑堤建闸较容易。另外，要求交通、供电方便，池塘周围无高大建筑物，同时不易受风暴潮或洪水的冲击。

（二）池塘结构

养殖池塘一般建成东西向长方形结构，宽度以 25～30 米为宜，养殖面积 3～15 亩，水深 1.5～2.5 米，池底以泥沙质为好，池底要求平坦，坡度 100∶0.5，进水口端略高于出水口端。为防止逃鱼，应在进、排水闸门处设置双层拦鱼闸网，闸网可使用金属网或双线聚氯乙烯网。闸门要求基本不漏水，堤坝坚固，顶部宽度 2～3 米，以利操作管理和运输。

（三）池塘清整消毒

池塘清整是为了改善池塘条件，为鱼种培育创造良好的生态环境。有些池塘由于多年养殖生产，池底淤泥增厚，池埂也因常年风吹雨淋及风浪冲击失修严重，甚至出现崩塌、漏水，对这样的池子应进行清整。在冬季或农闲时将池水排干，挖出池底淤泥，让池底自然曝晒。

为了杀死致病菌及有害生物，必须在鱼种下池前进行消毒，而且每年都要重复1次。消毒药物品种很多，如生石灰、漂白粉、茶籽饼、氨水等，比较常用的是生石灰和漂白粉。生石灰消毒时，将修整后的池塘加水10厘米左右，每亩用块状生石灰60千克，在池底分成数堆，待石灰吸水化开后，趁热将石灰水均匀泼洒全池。然后用搅板反复推拉水体，使石灰与水、泥充分混合。以后每天用搅板推拉水体1次，8天后药效消失，pH值达到正常，这时可进水放养鱼种。漂白粉消毒是每亩用含氯量25%的漂白粉5千克，先将漂白粉放入桶内加水稀释，然后均匀泼遍全池。完后用搅板反复推拉水体，使其充分混合，3天后可进水放养鱼种。

（四）大规格鱼种培育

1. 鱼种放养

鱼苗经过30～60天培育后，平均全长可达8厘米左右，这时便可将其分池进行大规格鱼种养殖。鱼种放养的密度应根据鱼种生长情况、计划池塘的产量决定。一般来说，在我国北方地区，全长8厘米左右的鱼种每亩放养1 000尾左右。当年养殖至11月，一般个体重可达200克左右，越冬后第二年继续养至秋末，个体重可达500克以上，成为商品鱼。在正常管理条件下，当年大规格鱼种养殖成活率可达95%以上。

2. 鱼种运输

（1）运输方法　当鱼苗培育池和大规格鱼种培育池相距较近时，可用水桶、铁箱等接送鱼种入池。在大规格鱼种培育池离鱼苗培育池较远时，一般使用内衬塑料袋的帆布桶来运输，操作时先将帆布桶和塑料袋洗净，然后注入干净新鲜水，水占塑料袋体积的2/3～3/4，放入气泡石1个，每升水放全长8厘米左右的大规格鱼种4～5尾，运输过程连续充气，在水温20℃时，运输10小时，成活率可达95%以上（图2－5）。

（2）鱼种药浴　鱼种从鱼苗培育池捕出及运输操作过程中，难免会有损伤。对于受伤的个体，如不及时治疗，受伤部位很容易感染发病。因此，鱼种在下池前，必须先进行消毒处理。在池

图 2－5　鱼苗短途运输

边放置玻璃钢桶或内衬塑料袋的帆布桶，加水至适当位置，加入浓度为 5 毫克/升的高锰酸钾，待其充分溶解，将鱼种药浴 5～10 分钟。也可直接在运输容器中进行药浴。

3. 培育和管理

花鲈属于肉食性鱼类，应以动物性饵料为主。目前沿海养殖生产所用饵料主要以低值杂鱼为主（在远离海岸线的内陆地区进行花鲈淡水养殖时，一般使用人工配合饵料），主要有青鳞鱼、鳀鱼、鰕虎鱼、斑鰶、小型梭鱼等。投饵应遵循以下原则：

（1）**定点**　指投饵的位置固定。一般选择水位较深、水质较好、操作方便的位置作为花鲈投饵区，投饵区通常设在池塘进水口端。为了便于检查花鲈摄食情况，可在投饵区池塘底部铺设网衣，规格可根据投饵区大小自行设计，投饵后可随时提出水面，根据其上残饵的数量来判断饵料是否适口或投饵量是否合适。

（2）**定时**　指投饵的时间固定。大规格鱼种培育一般每天投饵 2～3 次，早上在 6—7 时投喂，下午则在黄昏时刻。

（3）**投饵量**　大规格鱼种培育期间鲜饵的日投喂量与水温有直接关系，水温在 10～28℃以内时，投饵量可按体重的 6%～8% 计算；在水温低于 10℃时，花鲈的摄食量下降，一般投喂体重的 0.4%～0.6%；当水温低于 6℃时，花鲈停止摄食；而当水温高于

28℃后，投饵量也降为体重的2%～4%。除水温外，花鲈的摄食量还受天气情况、水质状况及光照强度等因素的影响。因此，投饵量应根据具体情况及时调整，多食多投，不食不投，以鱼吃饱且不留残饵为原则。

（4）投饵速度　花鲈是凶猛鱼类，摄食时能掀起水花，而且随着鱼群的聚集，出现抢食现象，水花增多增大，吃饱的鱼慢慢游开。投饵前制造音响，如用铁锹碰击石块，或用木棒敲击铁桶。开始投饵要慢些，随着鱼群的聚集和抢食的出现，应加快投饵速度，待鱼减少时，再减慢抛撒速度。所以投饵应掌握慢－快－慢的节奏。

（5）定质　指投喂的饵料要适口、新鲜、质量稳定。鲜活杂鱼好于冰冻杂鱼，冰冻时间短的好于冰冻时间长的。在投喂冰冻杂鱼时，一定不能投喂过期或腐败变质的杂鱼。投喂前应先将杂鱼剁成碎块，大小以鱼能吞下为准，然后用干净水反复冲洗后再投喂。

良好的水质是养好鱼的基本条件，而水质的好坏通常是由换水量大小决定的。适时换水可保持良好的水质，换水量的多少可根据池水的透明度及其他水质因子的变动情况决定。对于花鲈养殖来说，各项水质指标应在下列范围内：池水透明度40厘米左右，pH值7.8～8.3，溶解氧5毫克/升以上，氨氮低于70毫克/升。通常每天换水1/3，可保持上述良好的水环境。

每天早晚应进行巡池，随时观察鱼情变化。看有无“浮头”、死鱼、鱼病苗头、游动异常及池水状况等，发现问题及时解决。

4. 建立检测记录制度

检测记录对于指导养殖生产、提高养殖人员技术水平、总结经验教训，以利来年生产具有重要意义。检测记录的主要内容有：

（1）水温检测　一般每天早上6时和下午2时各测量1次，以记录每天的最低水温和最高水温。

（2）其他水质因子的检测　盐度、pH值、溶解氧、氨氮、透明度等都是重要的水质指标。有条件应定期检测，并以此作为水质调控的依据。在池鱼发生浮头甚至泛池死鱼时，更应及时做好

以上指标的检测记录，以利总结教训，指导以后的生产。

(3) 死鱼数量记录 发现死鱼应及时捞出，找出死亡原因，做好记录，以便掌握池塘存鱼量和成活率。

(4) 生长速度检测 一般每隔15~20天从池鱼中随机取样30尾，分别测量体长与体重，求出平均体重，计算出全长、体重、生长速度及池塘存鱼总重量，以此评估前段养殖管理状况，并根据计算出的池鱼总重量，确定下一阶段养殖的投饵量。

(五) 商品鱼养殖

商品鱼养殖是指把经一年养殖的大规格鱼种，越冬后养成体重500克以上商品鱼的过程（图2-6）。花鲈商品鱼养殖有单养与混养两种方式。单养是指池塘中只养殖花鲈一个品种，而混养是在同一池塘中除养花鲈外还养殖其他鱼、虾、蟹类。单养根据放养花鲈密度的不同又可分为粗养与精养。粗养是一种低投入、低产出的养殖方式，这种养殖方式一般每亩放养花鲈苗种数十尾，以池中水生生物作为主要饵料来源。而精养则是一种高投入、高产出的养殖方式，此种养殖方式一般每亩放养大规格花鲈苗种千尾左右，饵料以人工投喂为主。

图2-6 鲈鱼池塘养殖基地

1. 单养

(1) 池塘清整。鱼种放养前要对池塘进行清整，清整工作最好在冬季进行。具体做法是将池水排干，清除池底过多的淤泥，使池底经受严寒冻结、日晒雨淋，挖出的污泥可用来加固池埂堤坝。翌年4月中旬检修进、排水系统，同时进水冲刷浸泡池塘1~2遍，然后每亩加入50~100千克生石灰消毒，8~10天后便可进水放养鱼种。

（2）鱼种放养应注意以下几点。

放养时间 使用越冬后的1龄大规格鱼种，体重一般在100~300克。鱼种放养不应过早，因为鱼种在经受了3~4个月的越冬期后，体质虚弱。但也不要放养太晚，如果鱼种放养过晚，又会直接影响当年成鱼养殖产量。一般在5月当池水温度回升到15℃左右时，进行鱼种放养比较合适。

鱼种质量 主要从外观目视鉴别，游动活泼、溯水能力强、背部肌肉丰润、体表光洁、无掉鳞、鳍条无损伤且不充血为优质鱼种。剔除患病、伤残和畸形苗种。

规格分选 越冬后未经过规格分选的鱼种，体重一般在50~300克，规格差别很大，不宜同池放养，一般将其分为大、中、小3种规格分别放养。规格分选的优点，不仅便于以后的饲养管理，并且有促进生长的作用。

鱼种消毒 鱼种在放养前必须进行严格消毒，杀灭病原菌、寄生虫，以防止伤口感染。用浓度5毫克/升的高锰酸钾溶液药浴5~10分钟即可。

放养密度 对于水位较深、水交换条件较好、饵料供应有保证的小型精养鱼池，每亩放养大规格鱼种500~800尾，亩产可望达到300~500千克。对于条件一般的中型鱼池，每亩放养200~300尾，亩产可达150~250千克。大型水面（如一些大型养虾池），一般水位较浅，水交换量不足，养殖管理不便，只能进行半精养或粗养。这种池塘的放养量，一般每亩不能超过50尾。

（3）饵料投喂。养殖所用的饵料以青鳞鱼、斑鰶、鳀鱼、鰕虎鱼等低值杂鱼为主。在内陆地区进行淡水养殖时，则以配合饲料为主（图2-7）。

图 2-7 使用人工配合饵料投喂咸淡水养殖的花鲈

投喂饵料要注意以下事项：

驯化 鱼种刚入池时，对新环境尚不能马上适应，主要表现为鱼不集群摄食，这时需要进行人工驯化。坚持每天定点定时少量投饵，投饵前先制造某种声响作为信号刺激，大约 1 周便可形成明显的定点定时摄食习性。

注意摄食动态 正常情况下，投饵前只要发出音响信号，鱼很快向投饵区聚集，投饵时出现明显的抢食现象。若投饵时鱼的反应迟钝，抢食不激烈，表明鱼的食欲不高，很可能是水质不好、溶解氧不足、饵料霉变，或因鱼病、天气变化的影响。应及时分析原因，采取适当对策。

及时调整投饵量 每隔 10～20 天测定一次体重，从而推算出池塘存鱼量，根据新的存鱼量调整下一阶段的投饵量。

（4）日常管理。商品鱼饲养是花鲈养殖的最后一关，对日常管理必须高度重视。

巡塘 管理人员每天至少应巡塘 3 次。晚上巡塘检查花鲈有无浮头征兆，早晨巡塘检查花鲈有无浮头发生，中午巡塘检查花鲈活动状况。在饲养的中、后期，由于池内鱼粪、残饵累积，水温又高，水质容易败坏，应增加夜间特别是午夜以后的巡塘，同时防止盗捕现象发生。

“三看” 一看鱼的活动状况：在正常情况下，花鲈在池塘中下层分布，从表面很难见到鱼的活动，如果发现鱼在水的中上层无力游动，很可能是发病或缺氧的先兆；二看水色：正常水色应为褐黄色或黄绿色，池水透明度在40厘米左右，深褐色、黑色或酱油色均为不正常水色，这时应及时换水；三看天气：晴天池水溶氧量高，阴天次之，阴雨、闷热天气最低，管理人员应根据天气变化，及时采取预防措施。

“三防” 一是防泛池：池塘存鱼量较高，投饵量大，粪便累积多，遇阴雨闷热天气，有可能出现泛池，应采取预防措施，使水中的溶解氧含量不低于5毫克/升；二是防病：应坚持预防为主的方针，主要措施是加大换水量，保持水质清新，对精养鱼池，更应在养殖过程中定期对全池特别是投饵区用生石灰水泼洒；三是防逃：经常检查进、排水闸门防逃网是否有松动或破损逃鱼处，堤坝是否坚固，有无漏水逃鱼隐患。

填写养殖日志 应坚持每天填写养殖日志，记录天气、气温、水温、溶解氧、pH值、盐度、投饵种类及数量、死鱼数量、定期测量的体长和体重数据等，不断总结经验教训，提高养殖水平。

（5）商品鱼的收获。饲养的花鲈个体重达到500克时，便可作为商品鱼出售。从实际养殖情况来看，5月放养的大规格鱼种，养到8—9月就有部分鱼可达商品规格。用饵料将鱼诱集到投饵点，以围网捕捞后，挑出已达到商品规格的花鲈单独蓄养（图2－8）。这样可定期向市场提供商品鱼，其余部分留在原池中继续饲养，随捕随售，至秋末，一次性收获出售。收获时先排掉大部分池水，然后用网从池子的排水端向进水端拉网，一般需拉网2～3遍才能将鱼全部捕出，最后放干池水，彻底收获。

图 2-8 鲈鱼的售前暂养鱼排

2. 混养

(1) 花鲈与鲻鱼、梭鱼的混养。

花鲈苗种的准备 用于混养的花鲈苗种，一般为春季采捕的 2~4 厘米花鲈苗。这种规格的花鲈苗若直接放养在混养池中，成活率一般低于 30%。因此，需经过苗种培育后再进行混养。一般经 30~60 天的培育，大约在 6 月底，当苗种全长达到 8~10 厘米时，便可出池进行混养。

鲻鱼、梭鱼的苗种准备 由于鲻鱼、梭鱼的生长速度较花鲈慢，为防止被花鲈捕食，鲻、梭鱼苗种必须使用越冬鱼种。越冬后的梭鱼鱼种个体重一般为 20~50 克，鲻鱼个体重可达 50~100 克。这种规格的苗种与全长 8~10 厘米、体重 10~15 克的花鲈苗种同池混养，便无被捕食之虑。

放养时间 为了延长鲻鱼、梭鱼的生长期，养成大规格商品鱼，鲻、梭鱼种的放养时间应尽量提前。在北方地区，一般 3 月底池塘水温可以升至 6~10℃，此时梭鱼已开始摄食，应及时结束越冬移入混养池。在江浙一带，3 月下旬池塘水温可达 12~15℃，也应及时将鲻鱼苗种移入混养池。

花鲈苗经苗种培育至 6 月，一般全长 6~10 厘米时，便应及时起捕，放养到混养池中。此时混养池中的鲻鱼、梭鱼已生长 4 个多月，不仅已经适应了混养池的生态环境，而且体长、体重已经有了较大增长；混养池中自然生长的杂鱼虾也已达到一定数量，花鲈苗种放养后有充足的天然饵料，对花鲈的快速生长也极为有利。

放养密度　在以梭鱼为主养品种时，建议精养池每亩放养尾重30～50克的梭鱼苗种500尾，全长6～10厘米、体重10～15克的花鲈苗种50～80尾。在以鲻鱼为主养品种时，建议每亩放养尾重50～100克的鲻鱼苗种400尾，花鲈苗种50～80尾。在同时可获得鲻鱼、梭鱼苗种的地方，则可进行鲻鱼、梭鱼、花鲈同池混养。若进行大水面粗养，放苗量应根据混养池的面积大小、是否投喂以及换水条件确定，一般鲻、梭鱼的放养量每亩水面不超过100尾，花鲈的放养量为20尾左右。

过去鲻鱼、梭鱼养殖所使用的饵料多为麸皮、豆饼、米糠之类，不仅营养价值低，且浪费大，鱼生长缓慢。这里介绍一种适合于鲻鱼、梭鱼成鱼养殖的配合饲料配方，供参考：鱼粉8%，花生饼30%，麦麸39%，玉米面10%，粗面粉12%，饲料酵母0.5%，食盐0.35%，复合维生素0.15%。以上原料粉碎混合后，制粒成型，晾干后投喂。

（2）花鲈与淡水鱼类混养。

花鲈与淡水鱼类混养，在我国南方各地和东南亚已有较长的历史，积累了丰富的经验。混养的方式主要是以淡水鱼为主养品种、以花鲈为搭配品种的池塘养殖。淡水鱼养殖池塘混养花鲈后，在基本不增加投饵量的前提下，每亩能增收数十千克价格颇高的花鲈，因而很受养殖业者欢迎。同时混养池里的花鲈，由于放养密度小，生长较快，收获时尾重一般都在0.5～1千克，当年达到商品规格。

花鲈苗种在混养池中的放养量，最多不应超过总放养量的20%，花鲈苗种的规格以全长6～10厘米、体重10～15克较为合适，但其他淡水鱼鱼种的规格起码应在20克以上，以防被花鲈捕食。为了延长养殖时间，提高养殖产量，淡水鱼品种可在深秋、初冬或早春的3月放养，而花鲈苗种一般经苗种培育后于7月

放养。

(3) 花鲈的淡水养殖。

花鲈属广盐性鱼类，不仅可以在海水中生活，而且可以在淡水、半咸水或低盐咸淡水（盐度0.5～3）中正常生长。从稚、幼鱼开始，花鲈便喜欢在近岸、河口觅食，并具有溯河进入淡水生活的习性。由于淡水水域饵料生物丰富，溶氧含量一般比海水高，因而更适合鲈鱼的生长。生产实践证明，淡水养殖的花鲈比海水养殖的花鲈生长速度快、个体大。

淡水过渡 从海水中捕捞的花鲈苗在进入淡水之前，必须先进行淡水过渡，称为“淡化”，以使鱼苗适应淡水生活环境。据试验，若不经淡水过渡而将鱼苗直接由海水移入淡水中培育，成活率一般都低于30%；而经过淡水过渡的鱼苗，成活率一般都在90%以上。淡水过渡的方法是定时向鱼苗暂养容器中加入淡水，使暂养水的盐度逐渐降至5。当暂养水的盐度降至5～8时，便可将鱼苗直接移入淡水中。一般情况下，淡水过渡可在24～36小时内完成。

饵料转换 花鲈的淡水养殖一般都是在远离海岸的内陆地区进行，因而一般很难获得大量低值杂鱼作为花鲈养殖的饲料，主要是以人工配合饲料喂养。花鲈为肉食性鱼类，喜食活鱼，要完全改喂人工配合饲料，必须过好饲料转换关，这是获得高产的关键技术之一。经试验对比，未经过饲料转换的鱼苗，投喂配合饲料养殖一年，体重不足50克；而饲料转换好的花鲈苗，淡水养殖5～7个月，尾重可达500～1 000克。

二、网箱养殖技术

（一）养殖海区的选择及网箱设置

1. 风浪

设置网箱的海区要求周年风浪较小，最大风力应在8级以下。较理想的海区是周围有高山做屏障，入海口迂回曲折的半封闭性海湾（图2－9）。

图 2－9　花鲈海水网箱养殖基地

2. 水深

要求网箱在最低潮时离海底要有 0.5 米以上的距离。水过浅时，在风浪的冲击作用下，水易变浑，不利于花鲈的生长。比较适宜的水深为 5～15 米，最适水深为 7～10 米。

3. 海水流速

网箱在水中具有较大的阻力，加之养殖过程中杂藻附着堵塞网口，如果海水流速过小，就不能及时更新箱内水体，容易引起溶解氧不足。若流速过大，网箱势必变形，并经常处于摇曳不定状态，容易擦伤鱼体。对花鲈养殖而言，海区合适的流速应为 7～30 厘米/秒。溶氧量应在 6 毫克/升以上。

4. 底质

设置网箱的海区要求海底平坦，倾斜度小，为了便于打桩、抛锚固定网箱，海区底质以泥沙最为合适。对于岩礁海底，则应用水泥砣子固定网箱。

5. 附着生物

海水富营养化、附着生物特别繁茂的海区，也不宜设置网箱。在这种海区，网箱往往会成为附着生物的附着基，这些生物的大量附着不仅消耗水中的溶解氧，而且堵塞网目，阻碍网箱内外水体的交换。

6. 水温

花鲈生长的适温范围为 15～32℃，最适水温 18～28℃，养殖

海区的适温期越长，花鲈的生长时间也越长，商品鱼规格越大。因此，要求网箱设置的海区应具有足够长的适温期，以延长养殖时间，提高花鲈规格。

（二）养殖方法

1. 准备工作

准备好不同网目的网箱，饵料用具，包括切碎杂鱼用的切碎机（刀）、厚木板、大盆、水桶、秤、捞网及“过淡帆布箱”等。另外，为了在高温季节暂存饵料，还应配备一台冰柜。应备有舢板或小型机船，担负水上运输管理工作。

2. 放养密度

一般情况下鱼苗放养密度可在 2 000 尾/平方米左右；待体长达 9 厘米左右时，即可进行分箱，分箱后的放养密度可在 140 尾/平方米左右；对于体长 20 厘米左右的大规格鱼种，放养密度可在 100 尾/平方米左右。

3. 饵料

鱼苗期最好投喂新鲜小杂鱼虾，直接投喂或剁碎投喂。5 厘米以上时，可投喂冰冻杂鱼碎块，以青鳞鱼为好，鱼块大小以鱼能够吞食为准，所用杂鱼必须新鲜、无异味。鱼苗期间日投饵量为鱼体重的 15% ~30%，每天投饵 3 ~4 次；鱼种期间日投饵量为鱼体重的 5% ~10%，每天投饵 2 ~3 次。

（三）日常管理

1. 检查网箱

经常检查网箱，看其是否松动破损，严防逃鱼。经常刷洗网箱，防止附着物堵塞网目。由于网箱常年在水下，网箱上常附有牡蛎、海鞘、藤壶及杂藻类，这些附着物的存在减少了网箱内外水体的交换，加大了网箱重量，应及时清除。当附着严重时，应更换新的网衣，更换下的网衣放在阳光下曝晒，然后敲打，最后冲洗干净备用（图 2 – 10、图 2 – 11）。

图 2－10　清除网箱网架上的附着物

图 2－11　更换网箱

2. 观察鱼情

注意观察摄食状况，发现异常现象，立即找出原因尽快解决。掌握鱼的生长情况，每 15～20 天测定一次鱼的体长、体重，推算出投饵量和生长速度（表 2－6）。另外，每天应记录水温、投饵量、死鱼数及天气情况，以便总结经验。

表 2－6　网箱培育当年花鲈的生长情况

测量日期（月．日）	6月15日	7月16日	8月17日	9月17日	10月17日	11月16日	12月18日
最大全长/厘米		11.5	19.3		31.0	34.5	35.5
最大体重/克		25	100	200	400	475	500
平均全长/厘米	6.60	9.11	14.87		23.50	27.61	29.00
平均体重/克	3.82	11.50	51.90	114.14	200.50	276.50	308.00
最小全长/厘米		7.0	11.7		16.5	21.5	22.0
最小体重/克		5	20	50	70	100	120

3. 鱼病预防

当网箱养殖达到一定规模后，如发生鱼病，危害是相当严重的，甚至在一定程度上决定着养殖的成败。因此养殖业者必须提高防病意识，以防为主。首先要保持养殖海区水质清洁、无污染。有条件的地方应3～5年转移一次养殖场所，以更新水环境；其次要适量投饵，避免残饵太多，死鱼、药浴用水不要随处乱丢乱倒，避免重复感染。在鱼苗入箱前和每次更换网箱时，要对鱼进行药浴或淡水浸泡（过淡）一次，进行防病处理。养殖期间（特别是高温期间），最好能定期对鱼进行体表消毒，增强花鲈抗病能力。

第四节　花鲈病害防治技术

一、病毒病

（一）疱疹状病毒病

1. 病原体

疱疹状病毒，病毒颗粒呈20面体构造，为DNA病毒。

2. 症状

病鱼头部、躯干部、尾部、鳍和眼球等表面形成潜在的小水疱样异物，多者集合成块状。这种水疱样异物是被巨大化了的疱疹病毒细胞，一个细胞的大小为100～500纳米。病鱼从水中捞出后，由于这些水疱样异物对光的杂乱反射，使病鱼患处呈银白色。病鱼游动、摄食正常，一般不直接造成死亡，但影响鱼的商品价值。

3. 流行情况

此病一般在初夏或夏季的高水温期发生，到水温下降期消失。

4. 防治方法

目前尚无有效治疗方法。患此病期间避免分池、倒池、分选等。不要移动病鱼网箱，以防止其继续传播。此病一般几个月后可自愈。

（二）淋巴囊肿病

1. 病原体

淋巴囊肿病毒，属虹彩病毒科。该病毒 20 面体对称，直径 130～330 纳米，为 DNA 病毒，生长温度 20～30℃，适温 23～25℃。

2. 症状

患鱼头部、躯干部皮肤、鳍及尾部产生单个或成群的小珍珠状或水泡状肿胀物，单个的淋巴囊肿 0.5～0.75 毫米。也偶见于鳃丝、咽部、肠壁、肠系膜、肝、脾和卵巢。患处肥大的淋巴囊肿细胞随着增大而纤维化，终至皮肤上肿胀物浓密到呈砂纸状，或在鳍或尾上形成 2 厘米大的带蒂疣状肿物。

3. 流行情况

慢性病，流行于高温期，是最早发现的鱼类病毒病。此病主要危害当年鱼种，发病季节在 6—8 月，发病率达 70%，一般死亡率为 80%。对 2 龄以上的鲈鱼一般不会致死，但鱼体瘦弱，外表难看，失去商品价值。现在已知至少有 34 科 97 种野生和养殖海水鱼、咸淡水鱼及淡水鱼类受害。海水鱼中主要是鲈形目、鲽形目和鲀形目鱼类。主要流行于欧洲、不列颠岛和北美洲，在澳大利亚、非洲、亚洲等地也有发现。

4. 防治方法

尚无有效的药物治疗方法。其预防是尽量早期发现，彻底捞除

病鱼、死鱼，防止感染其他健康鱼。为防止因擦伤遭细菌继发感染，可用防治细菌病的方法处理。

二、细菌病

（一）肠炎病

1. 病原体

因饵料腐败，或含脂量过高、消化不良而引起。

2. 症状

病鱼食欲不振，散游，继而鱼体消瘦，腹部、肛门红肿，且有黄色黏液流出。解剖观察，胃肠内无食物并有黄色黏稠物质，肠壁充血呈暗红色。

3. 流行情况

一年四季均可发生，但以高温季节发病率较高。注意观察，及早治疗，可避免大批死亡。

4. 防治方法

严禁投喂腐败变质食物，尽量以投喂配合饲料为主。如以鲜杂鱼为饲料，高温季节应减少投喂量并添加海水鱼多维以增强鱼体体质，恢复肠道良好的微生物种群状态。冰冻的鲜杂鱼投喂前要在海水中充分解冻。

发现此病，可用：①大蒜头捣碎后加食盐拌匀饲料喂。②用经提炼过包装好的大蒜素拌匀干饲料喂。

（二）皮肤溃烂病

1. 病原体

捕捞、搬运等操作不慎致使鱼体受伤、鳞片脱落，导致细菌感染。

2. 症状

鳞片脱落部位皮肤充血、红肿，进而溃烂，病鱼食欲不振、散游，逐渐消瘦死亡。

3. 流行情况

多发生于春、秋季节，种苗捕捞、搬运之后 10～20 天发生。

4. 防治方法

在种苗捕捞、搬运过程中，采用质地柔软的网具（如尼龙或维尼龙材料），避免使用聚氯乙烯材料缝制的网具和直接用帆布篓、玻璃钢桶装运种苗，同时操作要谨慎，尽可能减少机械损伤。鱼种放养前，可用 10 毫克/升的高锰酸钾溶液药浴 5～10 分钟。此病还可用 20 毫克/升的氯霉素溶液药浴 4～5 小时，连续 2 天，均有疗效。

（三）类结节病

1. 病原体

杀鱼巴斯德氏菌，为革兰氏阴性杆菌，无芽孢，两极染色性，无动力；有时呈长杆形，有时近球形，具显著的多形性。生长温度 17～30℃，适温 25～30℃，pH 值 6.8～8.8，最适 pH 值 7.5～8.0。

2. 症状

病鱼无食欲，体色稍变黑，离群散游或静止于池底，不久即死。除体色外，从体表看不出其他症状，解剖病鱼可见脾脏、肾脏上有许多小白点，在心、肝、腹膜、肠系膜、鳔、鳃等处也有少量小白点，直径多为 1 毫米左右，大者可达几毫米。白点是由细菌的菌落外包一层纤维组织形成的类似结节状物。白点内部都是死菌，在部分尚未包完全的白点中则有活菌。肾脏中白点很多时，肾脏肿胀，呈贫血状；脾脏中白点多时，脾肿胀，暗红色；血液中菌落多时，在微血管内形成栓塞。

3. 流行情况

1989 年以来流行于日本，是日本养殖业危害最严重的一种疾病，发病率和死亡率都很高。主要危害 2 龄以下的花鲈等鱼类。发病时期为水温 20～25℃的梅雨季节，但在相同水温的秋季几乎不发病。水温 20℃以下通常不发病。

4. 防治方法

用氯霉素或四环素、尼宫酸钠每天每千克鱼添加有效成分50毫克或氨苄青霉素有效成分20毫克制成药饵投喂，连续5天。

三、真菌引起的疾病

（一）水霉病

1. 病原体

病源为水霉菌，均属藻菌类，菌体细长分枝。

2. 症状

因受伤后水霉菌侵人伤口，深入肌肉，并迅速繁殖，蔓延扩展，向外生长成长毛状菌丝。病鱼患处长有棉絮状的“白毛”，鱼体消瘦，由于伤口组织受水霉菌破坏，同时鱼体负担过重，游动失常，活动迟缓，食欲减退，最后瘦弱而死。

3. 流行情况

发病期多在鱼苗入池后10~20天和秋末鱼种出池前。往往因拉网、搬运、操作不慎使鳞片脱落、皮肤损伤、水霉菌乘机侵入而引起。

4. 防治方法

在种苗捕捞操作中谨慎小心，网具选用软质的网衣制成。种苗放养前用5毫克/升高锰酸钾溶液药浴5~10分钟。亦可全池泼洒硫酸铜，使池水中硫酸铜浓度达到1~3毫克/升。

四、寄生虫病

（一）鱼虱病

1. 病原体

东方鱼虱虫体分头胸部、胸部、生殖节、腹部，背腹扁平，背甲盾形（图2-12）。雄虫体长3.8~5.0毫米，雌虫体长3.6~4.5毫米。头胸部有触角2对、颚足2对、胸叉1个，胸部有胸足4对，第四胸节短小，生殖节雄性较小，雌性较大，呈四方形，后侧角上有第5、第6对胸足；雌性的生殖节上常挂2条卵囊，腹部2节短小。

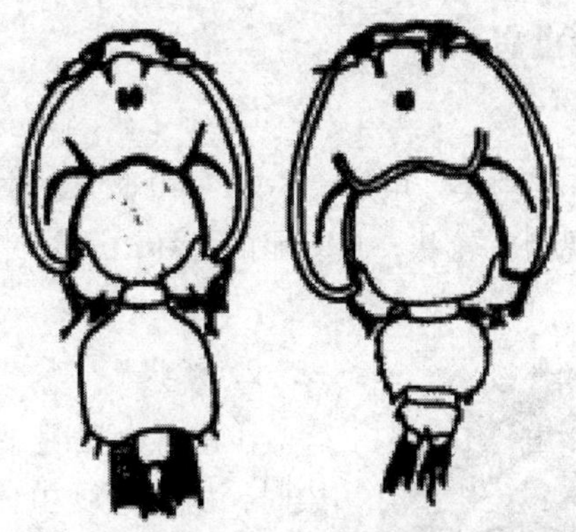

图2-12　东方鱼虱

2. 症状

寄生在鱼体表的鱼虱不断爬动，刺激鱼的表皮细胞增殖并擦伤皮肤，引起炎症和继发性感染；寄生在鳃上，则刺激分泌过多黏液，致使呼吸困难。病鱼体色发黑，食欲降低以至拒食。行为上表现急躁不安，狂奔乱游，常跳出水面。

3. 流行情况

东方鱼虱广泛分布于我国及日本沿海。寄生于多种鱼的体表和鳃上。感染强度从几个到几百个虫体。若鱼苗或鱼种被大量寄生，则可引起大批死亡。此病多发生于6—8月，水温20~27℃。

4. 防治方法

（1）彻底清池，杀灭有害病源。养殖期间，每隔半月泼洒一次生石灰，使其在池水中的浓度达到20~25毫克/升，有一定的预防作用。

（2）若已发生鱼虱病，可用90%晶体敌百虫，使其在池水浓度达到0.25~0.5毫克/升，或用敌敌畏乳剂，使其在池水中的浓度达到0.05~0.1毫克/升，高温时用药量可偏低些。

（3）在虾池混养鱼类发生鱼虱寄生，可用敌鱼虫全池泼洒，

使其在池水中的浓度达到0.5毫克/升，既可杀灭虫体，又不危害虾类。

（二）车轮虫病

1. 病原体

车轮虫属纤毛虫类。虫体大小20～40微米。虫体侧面观如毡帽状，反口面观为车轮状，具明显的齿环，运动时如车轮转动样（图2－13）。

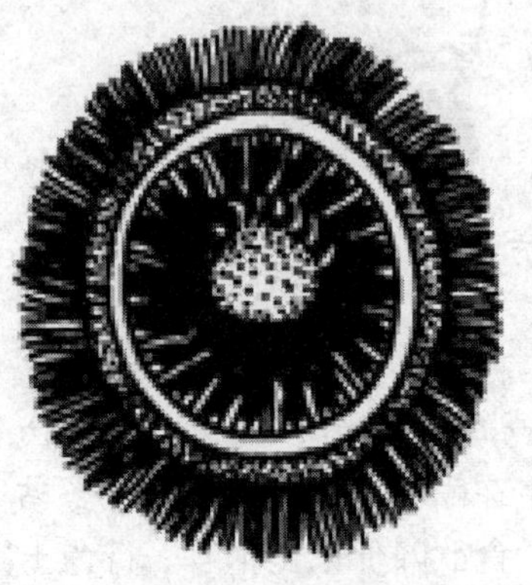

图2－13　车轮虫

2. 症状

少量寄生无明显症状。严重感染时，病鱼因受虫体寄生的刺激，引起组织发炎，分泌大量黏液，在体部、鳃部形成一层黏液层，鱼体消瘦、发黑，游动缓慢，呼吸困难，以至死亡。

3. 流行情况

全国各地均有流行。虫体寄生于各种海、淡水鱼类的体表、鳃以及鼻孔、膀胱、输尿管等处，可引起鱼苗、鱼种致病，有时死亡率很高。其适宜繁殖水温20～28℃，一年四季均可见。以直接接触传播，离开鱼体的车轮虫能在水中游泳转移寄主。池小、水浅、水质不良、饵料不足、放养过密、连续阴雨等因素，均容易引起车轮虫病爆发。

4. 防治方法

放养前用8毫克/升的硫酸铜与硫酸亚铁合剂（5∶2）浸洗鱼种15～20分钟（15～20℃），可有效地预防车轮虫病。如遇发病，可采用下述方法：

（1）用硫酸铜、硫酸亚铁合剂（5∶2）全池遍洒，使其在池水中的浓度达到0.7～1毫克/升。

（2）以浓度为150～250毫克/升的福尔马林药浴1～2小时。

（三）指环虫病

1. 病原体

指环虫属外寄生虫，典型寄生部位为鱼类的鳃，但也可以寄生在皮肤、鳍和口腔、膀胱等处（图 2－14）。虫体扁平，大小为 0. 192 × 0. 072 毫米 ~ 0. 529 × 0. 136 毫米。具眼及头器各 2 对，后吸器具 7 对边缘小钩，1 对中央大钩。

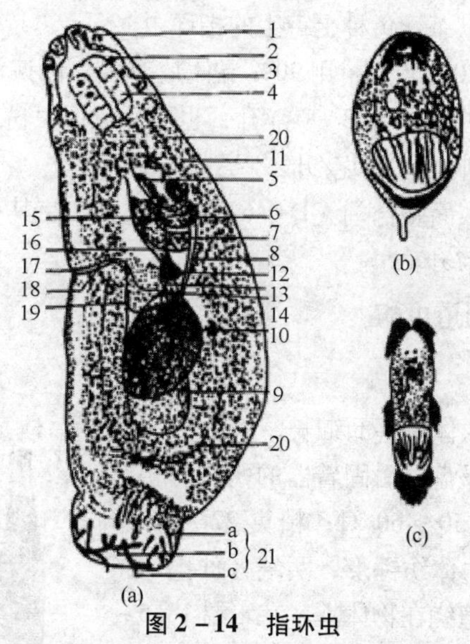

图 2－14　指环虫

（a）成虫；（b）卵；（c）纤毛幼虫

1. 头器；2. 眼点；3. 头腺；4. 咽；5. 交接器；6. 贮精囊；7. 前列腺；8. 输精管；9. 精巢；10. 卵巢；11. 卵黄腺；12. 卵壳腺（梅氏腺）；13. 成卵腔；14. 输卵管；15. 子宫内成熟的卵；16. 子宫；17. 阴道孔；18. 阴道管；19. 受精囊；20. 肠；21. 后固着盘（a. 边缘小钩；b. 连接棒；c. 中央大钩）

2. 症状

大量寄生时，病鱼鳃丝黏液增多，全部或部分呈苍白色，呼吸困难，鳃部显著浮肿，鳃盖张开，病鱼游动缓慢，贫血。

3. 流行情况

一种常见多发病。指环虫属主要寄生于鲤科鱼类，也寄生于养殖在淡水水域的花鲈鳃上。流行于春末夏初，适宜温度20～25℃，大量寄生可使苗种大批死亡。

4. 防治方法

（1）鱼种放养前，用浓度20毫克/升的高锰酸钾溶液浸泡15～30分钟，以杀死鱼种上寄生的指环虫。

（2）水温20～30℃，用90%晶体敌百虫全池遍洒，使其在池水中的浓度达到0.2～0.3毫克/升，也可用敌百虫粉剂，使其在池水中的浓度达到1～2毫克/升。

（3）敌百虫面碱合剂（1∶0.6）全池遍洒，使其在池水中达到0.1～0.24毫克/升。

（四）双阴道虫病

1. 病原体

双阴道虫虫体扁平而细长，体长3～7毫米，体宽0.2～0.5毫米，有两个前吸盘，后固着器的两边有相对排列的固着夹50～60对；精巢22～27个（图2－15）。虫体纺锤形，两端各伸出一条卵壳丝，用以缠绕在物体上，在水温18.5～19.5℃时约8天孵化。

图2－15 双阴道虫

2. 症状

寄生于花鲈的鳃丝上，受损的鳃丝分泌大量黏液，病鱼游动缓慢，体色发黑，鳃盖经常张开，呼吸困难，不摄食。患此病的鱼极易被其他寄生虫（如车轮虫）或细菌二次感染，发生体表溃烂，鳍缺损等症状。

3. 流行情况

本虫全年可寄生，但在冬季寄生数量显著增加，产卵季节从11月下旬开始，翌年1

月下旬盛产。发生于低水温期，主要危害当年鱼种，1 龄以上的鱼也有寄生，但危害不大。

4. 防治方法

（1）用8%的浓盐水浸泡鱼体 1 ~ 2 分钟，能杀死部分虫体，但不能根治。

（2）用90%晶体敌百虫全池泼洒，使其在池水中的浓度达到 0.5 ~1 毫米/升，有一定疗效，但不能根治。

（五）隐核虫病

1. 病原体

刺激隐核虫，系纤毛虫类寄生虫，最大个体 0.45 毫米 ×0.36 毫米，一般 48 微米 ×27 微米，椭圆形，肉眼可见（图 2 –16）。口在虫体的近前端；虫体可伸缩和左右转动，细胞质浓密，透明度低，不易见内部构造。身体的中后端具有一个念珠状的大核，似由一丝状物将4 个椭圆形膨大部分连接在一起，虫体表面有一层短而均匀的纤毛。繁殖方式是先形成胞囊，虫体离开寄主后附着池壁、网衣等物体上，分泌外胞包裹虫体，形成胞囊。虫体在囊内进行多次分裂，形成很多具纤毛幼虫，胞囊破裂，幼虫在水中寻找新寄主，遇到鱼类就钻入表皮营寄生生活。

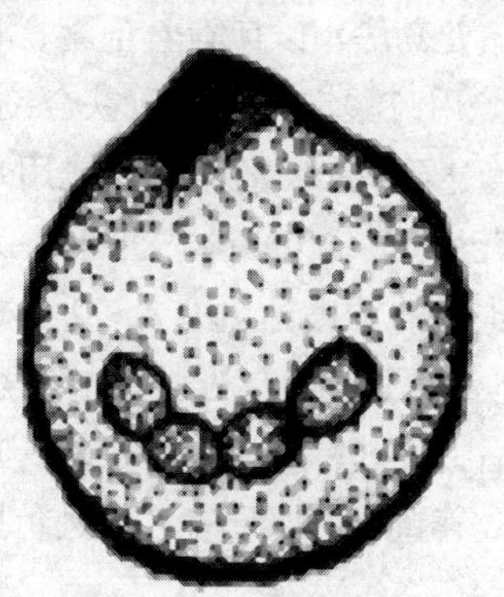

图 2 –16　刺激隐核虫

2. 症状

隐核虫主要寄生于海水鱼类的皮肤、鳃、鳍等处，也寄生在眼角膜和口腔等体表外露处。由于虫体在鱼表皮上穿孔，刺激鱼体分泌大量黏液和表皮细胞增生，包裹虫体，形成白色小囊孢，数量多时，肉眼看去鱼体布满小白点，故俗称白点病。病鱼食欲不振，甚至不摄食。鱼体色变黑且消瘦，反应迟钝，或集群绕池狂游，鱼体不断和其他物体或池壁摩擦，时而跳出水面。在鱼池中常见鱼群集成一团，上下翻滚，由于寄生虫大量寄生在鳃组织等部位，从而使鳃组织受到破坏，失去正常功能，引起病鱼窒息死亡。

3. 流行情况

此病多发生于6—8月。虫体适宜水温20～25℃，繁殖快、传播迅速，发现病鱼后3～5天内即可大量死亡。对寄主无严格选择性。

4. 防治方法

（1）预防措施 放养密度不宜太大，定期消毒鱼体，防止虫体繁殖。经常检查，发现病鱼及时隔离、治疗，防止进一步传播。死鱼不能乱丢，以免扩散，切忌将死鱼丢到海区中污染水域。鱼池要彻底消毒，网箱要勤洗，以免附着孢囊、孵出幼虫重新感染。

（2）治疗方法 用硫酸铜、硫酸亚铁合剂（5∶2）全池泼洒，使其在池水中的浓度达到2～3毫克/升，或用8毫克/升的硫酸铜、硫酸亚铁合剂溶液药浴30～60分钟，连续3～5天。或用醋酸铜全池泼洒，使其在池水中的浓度达到0.1～0.2毫克/升，一次即可。也可用硝酸亚汞全池泼洒，使其在池水中的浓度达到0.05毫克/升。

以上药物使用后，需进行全池大换水，一方面可排出被杀死的寄生虫；另一方面改善鱼池的水环境，促进鱼摄食。

五、低等藻类所致疾病

淀粉卵甲藻病：

1. 病原

淀粉卵甲藻虫体呈圆形，成熟自养体 3～7 天形成孢子囊，进行分裂繁殖，繁殖力极强，1 个月内能分裂产生 4 亿以上的个体。

2. 症状

卵甲藻系细小的双鞭毛虫，侵入到体表、鳃丝上以其假根状突起插入上皮细胞，摄取营养。同时刺激表皮细胞分泌大量黏液，形成天鹅绒似的白斑。鱼体一经感染全身瘙痒，在水中窜游，以身体擦池壁或其他硬物。体色变黑且消瘦，大面积鳞片松散脱落，体表溃烂、鳍基充血，尤以胸鳍、背鳍严重。若寄生在鳃丝上，会使鳃丝糜烂呈黑紫色。解剖观察，其腹腔积水，消化道中无物，胃呈全白色，肝脏失血，其上有很多大小不等的黑紫色淤血疱；胰脏及其周围脂肪组织坏死。

3. 流行情况

发病的适宜水温为 20～30℃。由于繁殖速度快，在高密度养殖中传染特快，可使大批鱼短时间内死亡。

4. 防治方法

目前国内外对此病尚无有效的治疗方法。可用 10～12 毫克/升的硫酸铜溶液药浴 10～15 分钟，或以 10 毫克/升的硫酸铜、硫酸亚铁合剂（5∶2）药浴 10～15 分钟，连续 4 天，有一定疗效，但很难治愈。此法用药浓度很高，药量大，药浴后一定要严格全换水，否则会死鱼。有人曾用淡水浸泡 5 分钟，多数虫体可脱落，但仍有一些虫体残留黏液内，形成孢囊分裂繁殖，使池鱼重复感染，故需反复浸浴。

第三章　军曹鱼养殖技术

内容提要：军曹鱼的生物学特性；军曹鱼人工繁殖和育苗；军曹鱼营养需求；军曹鱼养殖技术；军曹鱼病害防治技术。

军曹鱼 *Rachycentron canadum*（图 3－1），隶属鲈形目、军曹鱼科、军曹鱼属，俗称海鲡、海龙鱼、鲟龙鱼、蠓仔。英文名：Cobia。军曹鱼具有个体大、生长快、抗病力强、产量高，肉厚质细、味道鲜美、营养价值高等特点，是海水网箱养殖中生长最快、最具产业化前景的鱼类之一。目前在我国广东、海南等沿海地区已有广泛的养殖。

图 3－1　军曹鱼 *Rachycentron canadum*

第一节　军曹鱼的生物学特性

一、地理分布与栖息环境

军曹鱼分布于地中海、大西洋和印度—太平洋（东太平洋除外）等热带水域，为外海暖水性鱼类。主要捕捞生产国为巴基斯坦、菲律宾、墨西哥等国，我国沿海亦有分布，但产量小。其生长速度极快，一般年生长体重可达6～8千克。据报道，最大个体长达2米，体重60千克。为暖水性海洋鱼类。

二、形态特征

背鳍Ⅵ－Ⅷ，Ⅰ－32－36；臀鳍Ⅱ－23－26；胸鳍20－21；腹鳍1－5；尾鳍17。侧线鳞285－315。背鳍2个，分离，第1背鳍棘粗短，棘间膜低，似分离状，第2背鳍基底长；臀鳍具2鳍棘。腹鳍胸位，位于胸鳍基底稍后下方；尾鳍深叉形或新月形。体延长，近圆筒形，稍侧偏，被细小圆鳞。头扁平，宽大于高。眼较小，位于头的两侧，其上缘几达背部，无脂膜。口大，前位，下颌稍长于上颌。上下颌、犁骨、腭骨及舌面均有绒毛状牙带。前鳃盖骨边缘平滑，鳃盖膜不与颊部相连。无假鳃。体、颊部、鳃盖上缘、头顶部及各鳍均被小圆鳞。侧线完全，稍呈波纹状。鳃耙粗短。幽门盲囊形小、数多。无鳔。体背部黑褐色，腹部灰白色。体侧具3条黑色纵纹，沿背鳍基部有一黑色纵带，自吻端至尾鳍基部有一条与之平行的黑色纵带，自胸鳍基至臀鳍基另有一条浅褐色纵带，各带之间为灰白色纵带所夹。各鳍黑色，但腹鳍边缘及尾鳍上下缘为白色。

三、生态习性

（一）适温性

为热带海水鱼类，不耐低温。水温23～29℃时，生长最迅速，水温低至20～21℃，摄食量明显降低，19℃不摄食，17～18℃活动减弱，静止于水底，16℃开始死亡。水温升至36℃，虽有摄食行为，但已开始死亡。

（二）适盐性

为广盐性鱼类，盐度4～35有明显的索饵活动。经试验盐度在35以下，以每日升高1的速度，升至40，摄食减半，盐度43时仅有微弱的摄食行为，盐度47时开始死亡。从盐度30直接降至5，不至于立即死亡，尚有摄食行为。盐度5时以每日降1的

速度，降至3，无摄食行为，并开始死亡，48小时内死亡1/2。其长时间在超高盐度或超低盐度生活，可能导致生长迟缓或抵抗力低下。较大的军曹鱼对低盐度的忍受力较低，盐度低于8，即没有摄食活动。作为食用鱼养殖，海水盐度保持在10~35为宜。

（三）耗氧率

对体重为16.0~18.4克的军曹鱼在不同水温和盐度条件下的耗氧率进行测定，结果表明：水温对军曹鱼的耗氧率有显著影响。盐度29时，水温从17℃上升到32℃，军曹鱼的耗氧率从0.357毫克/(克·小时)增加到0.880毫克/(克·小时)。军曹鱼的耗氧率表现出较明显的昼夜变化规律，在中午前和傍晚后较高。水温对军曹鱼幼鱼的窒息点有显著影响。水温从21℃升高到33℃，窒息点从0.74毫克/升增加到1.44毫克/升。盐度对窒息点的影响不显著。

四、食性与生长

（一）食性

在自然海区，军曹鱼为肉食性鱼类。性凶猛，较小的军曹鱼主要以虾、蟹和头足类为食，约占食物总量80%，其次为鱼类，成鱼主要捕食中小型鱼类。人工育苗主要以轮虫、桡足类、枝角类、卤虫为饵，随着鱼苗的成长，经驯养可摄食人工颗粒浮性或沉性饲料。

此外，军曹鱼不耐饥饿。因无鳔，必须不断地游动以保持身体平衡状态，体力消耗比有鳔鱼类多，摄食量大。

（二）生长

军曹鱼生长速度极快，在适宜的环境条件下，半年可以长至3.5千克左右，周年可达6~8千克，体长达80~90厘米。

五、繁殖习性

（一）雌、雄特征及成熟最小体型

在生殖季节，军曹鱼雌鱼背部黑白相间的条纹会变得更为明显，腹部尤其突出，而成熟雄鱼条纹不明显或消失，腹部较小。但完全从体色上来判断雌雄有时不一定准确，尚需辅以体形来判定。在人工饲养条件下，军曹鱼性成熟年龄为 2 龄，雄鱼体重 7 千克以上，雌鱼体重 8 千克以上。相对怀卵量为每 1 千克体重约 16 万粒，8 千克重的亲鱼约有 128 万粒。卵粒较小，第 4 时相卵母细胞的卵径为 125 ~ 137 微米。

（二）产卵季节

在自然海区，军曹鱼为多次产卵鱼类，生殖期较长，在美国东海岸的北墨西哥湾海域，4—10 月均可发现成熟亲鱼。在我国台湾省南部地区，2 月底至 5 月为产卵高峰，往后有零星产卵，直至 10 月。广东湛江地区 4 月下旬至 6 月上旬为主要产卵期。产卵适宜温度为24 ~ 29℃。

六、营养成分

（一）含肉率

军曹鱼各部位的重量组成见表 3 – 1。

表 3 – 1　军曹鱼的含肉率

部位	整鱼	肌肉	非肉质部分				
			鳃	内脏	骨	鳍	皮
重量/克	4 850	3 331	150	346	482	152	388
占鱼体含量（%）	100. 0	68. 7	3. 1	7. 1	9. 9	3. 1	8. 0

（二）营养成分

蛋白质测定：半微量凯氏定氮法。脂肪测定：索氏抽提法。水分测定：105℃烘箱干燥法。灰分测定：550℃灰化法。结果如

表 3－2 所示。

表 3－2　军曹鱼的营养组成　　单位：%

部位	蛋白质	脂肪	灰分	水分
背肌	21.2	5.5	1.2	72.8
腹肌	17.2	13.0	1.1	68.7
皮	18.7	10.1	2.2	69.2

（三）氨基酸成分

用日立 835－50 型氨基酸自动分析仪测定军曹鱼背部肌肉的氨基酸组成，结果如表 3－3 所示。

表 3－3　军曹鱼背部肌肉的氨基酸组成　　单位：%

氨基酸	含量	氨基酸	含量
天冬氨酸	0	异亮氨酸	3.23
苏氨酸	2.67	亮氨酸	5.31
丝氨酸	1.88	酪氨酸	2.21
谷氨酸	9.87	苯丙氨酸	2.51
甘氨酸	3.51	赖氨酸	6.08
丙氨酸	3.98	组氨酸	1.96
缬氨酸	3.37	精氨酸	4.27
甲硫氨酸	1.88	脯氨酸	2.9
半胱氨酸	0	色氨酸	0.74

（四）脂肪酸组成

军曹鱼脂肪酸测定结果（以干重计）：脂肪酸总量 91%，其中不饱和脂肪酸含量 59.3%，脂肪酸的不饱和度为 65.2%，二十碳五烯酸（EPA）和二十二碳六烯酸（DHA）在军曹鱼的脂肪中有较高的比例，其中 EPA 的含量为 4.5%，DHA 含量为 12.0%。

第二节　军曹鱼人工繁殖和育苗

军曹鱼的人工种苗生产工艺流程见图 3－2 所示。

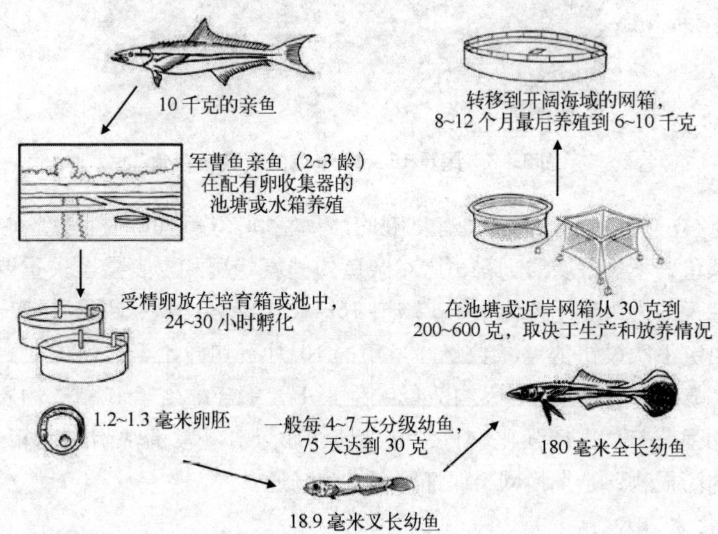

图 3－2　军曹鱼的人工繁殖和育苗工艺流程

一、亲鱼的来源、选择和培育

（一）亲鱼来源

军曹鱼在人工养殖条件下能培育成亲鱼，因此，可在海水网箱养殖的军曹鱼（商品鱼）中挑选体质健壮、无损伤、个体在 7 千克以上者作为后备亲鱼（图 3－3）。要注意的是，后备亲鱼要异地挑选，避免进行人工繁殖时发生近亲交配。

（二）饲养管理

目前采用网箱培育，网箱规格不一，常用的为 6 米 × 3 米 × 3 米。军曹鱼个体较大，放养密度不宜过大。网箱放养密度为 7 千

图 3－3　尾重 15～20 千克的军曹鱼亲鱼

克/立方米左右，使亲鱼有足够的活动空间。投喂的饲料是新鲜小杂鱼，不投喂变质饲料，这对亲鱼的健康状况和摄食量至关重要。每天的投饵量约为体重的 12%～16%，早晚各一次，视摄食情况，决定下次投饵的增减数量。当年的 10 月下旬开始至翌年的 3 月，隔 3～5 天在饲料中添加适量维生素 E、复合维生素 B 和矿物质，加强营养，进行强化培育，提高精卵质量。经常清洗附在网箱上的污损物，定期换网，保证网箱水流畅通。

二、催产

挑选腹部较大、显露性腺轮廓的亲鱼放入光线较暗的室内催产池中。催产采用促黄体生成素释放激素类似物（LRH－A_2）、绒毛膜促性腺激素（HCG），雌鱼注射剂量为：14～20 微米 LRH－A_2＋4～5 毫克 DOM/千克体重或 HCG 2 000～3 000 国际单位/千克体重，分 2 次注射，第一次注射剂量约为总剂量的 1/3，2 次注射间隔时间视注射第一针后的反应而定，一般约 24～28 小时。注射部位为胸鳍基部无鳞片的凹入部位。

如果亲鱼培育得好，在适宜的环境下可自然产卵。对一些腹部松软，性腺轮廓明显的亲鱼，经挑选后放入催产池后，采用生态刺激的方法，主要是流水刺激的方法，不注射激素，可以促使其自然产卵，产卵效果与注射激素的效果一样。

雌、雄亲鱼较难区分，一般从下列情况进行判别：军曹鱼体表有黑白相间的条纹，较大的个体，白色条纹会变得不明显，但处于生殖期的雌鱼背部黑白相间的条纹变得更明显、腹部尤其突出；而成熟的雄鱼则腹部较小，背部的白色条纹显得不明显或消失，轻压腹部，可能有白色的精液从生殖孔流出。

军曹鱼是分批产卵类型，产完卵、排完精的亲鱼，放回网箱继续强化培育一段时间后，还可用来催产、繁殖。

三、孵化和胚胎发育

（一）孵化

军曹鱼的卵为浮性卵，用80目的筛绢做成直径为40厘米、网袋长40～60厘米的锥形捞网，沿产卵池边反复捞取，捞出的卵放入玻璃钢桶中进行受精卵分离，未受精卵和异物沉底，好的受精卵浮在水面，可以用溢水法很快将卵收完。用重量法或体积法计数受精卵。

采收的受精卵放入玻璃钢制成的孵化缸孵化，孵化缸下部呈圆锥形，规格为0.5立方米水体，每个缸放受精卵密度一般不超过25万粒。受精卵放入孵化缸后，进行微弱充气，少量换水，每次换水1/5～1/4，每天换水2次。

军曹鱼受精卵呈透明、圆形、略带淡黄色，受精卵膜略吸水膨胀，卵径1.35～1.41毫米，油球径约0.39毫米。卵质较差的卵不透明，浮性不佳，卵膜腔不明显。每千克卵粒数约50万粒。孵化时间随水温变化而变化，水温24～26℃时，约30小时开始孵化破膜，水温28～30℃时，约22小时开始孵化出膜。

（二）胚胎发育

胚胎发育进程如下（水温27～28℃，比重1.018～1.022，pH值7.5～8.0）：

2细胞期：在动物极形成的胚盘面积不断增大，受精后30分钟开始在胚盘中央出现一纵裂沟，并向两侧伸展，把胚盘纵裂成两个大小相同的分裂球。

4 细胞期：受精后 40 分钟，进行第二次卵裂，在两细胞中央出现了与第一次分裂沟垂直的分裂沟，形成四个大小相同的细胞，细胞体积变小，整个胚盘面积稍增大，仍为圆形。

8 细胞期：受精后 1 小时，进行第三次分裂，在第一次分裂面两侧各出现一条与之相平行的凹沟，并与第二次分裂面相垂直，形成两排、16 个大小和形态不一样的细胞，中间四个较大，两侧四个较小。

16 细胞期：受精后 1.5 小时，进行第四次分裂，出现垂直于第一次和第三次分裂面的凹沟，平行于第二次的分裂沟，纵裂成 16 个大小不等的细胞。胚盘面积增大，呈现椭圆形，细胞体积变小，细胞界限不规则，油球直径变小，约 0.33 毫米。

桑椹期：受精后 2.5 小时，细胞分裂得更细，细胞界限比较模糊，在胚盘上堆积成帽状隆起突出于卵黄囊上。随着细胞的继续分裂，数量愈来愈多，胚盘细胞隆起更高，细胞界限愈加不清晰。当达到最大高度时，细胞开始向四周发展，逐渐变矮。

囊胚期：受精后 3.5 小时，细胞分裂愈来愈小，胚盘中央的帽状突出逐渐向四周扩张，周围一层细胞开始下包。

原肠期：受精后 4 小时 10 分钟至 4 小时 30 分钟，胚盘周围下包的细胞增多，从四面向植物极下包，有一部分细胞内卷。同时由于卵黄的阻碍作用，在胚盘周围形成一个环状隆起，叫做胚环，随着细胞的继续下包，胚环直径逐渐缩小，形成胚孔。这时卵黄大部分被包围，突出于胚孔外面的卵黄叫做卵黄栓，因此胚环相当于胚孔的唇，根据其位置的不同可分为背唇、侧唇、腹唇。在背唇的地方不断有胚胎细胞向内卷入，由于卷入的细胞越来越多，使背唇的前方出现一个盾形隆起，称为胚盾，即胚体的原基。

神经胚期：受精后 6 小时 55 分钟至 7 小时 40 分钟，预定的内胚层－脊索－中胚层物质开始由背唇卷入，贴于卵黄多核体上，胚体包卵黄约 1/2。胚盾不断增厚，随着进一步发育，胚体雏形逐渐显露。

眼泡形成期：受精后 9 小时 40 分钟至 11 小时 10 分钟，头部两侧出现一对眼泡，胚体继续加长。

心跳期：受精后12小时20分钟至14小时30分钟，胚体出现心脏跳动，跳动频率为110～120次/分钟。胚体在膜内不时颤动，尾部已从卵黄上脱离出来。胚体包卵黄约4/5，卵径大小变化不大。

肌肉效应期：受精后16至17小时，胚体全包卵黄，尾部与头部相接，胚体不停颤动，心跳在140次/分钟以上，卵径1.37毫米。

出膜：受精后20小时10分钟至22小时，胚体开始破膜，胚体在膜内不停抖动，卵黄显有皱褶，尾部剧烈摆动。继而头部先钻出膜，持续8～10分钟，最后整个胚体钻出膜。出膜后的鱼体偶尔颤动游走，活动能力差，肌节清晰可见。刚孵出的鱼体体长约2.9毫米，体宽约1.1毫米，油球直径约0.4毫米，卵黄囊约1.6毫米。

初孵仔鱼：胚体出膜后，卵黄囊渐渐缩小，胚体继续增长，约3.0～3.3毫米，卵黄囊长、短径分别为1.69毫米、1.01毫米，油球径约0.3毫米。胚体上的色素增多，颜色变深，呈星状不规则排列，头部紧贴在卵黄囊上，活动能力差，靠油球浮于水中，时常作间断性窜动（表3－4和图3－4）。

表3－4　军曹鱼胚胎发育进程表（水温：27～28℃，比重：1.018～1.022）

胚胎发育时期	距受精时间	胚胎发育时期	距受精时间
2细胞期	30分钟	神经胚期	6小时55分钟至7小时40分钟
4细胞期	40分钟	眼泡形成期	9小时40分钟至11小时10分钟
8细胞期	1小时	心跳期	12小时20分钟至14小时30分钟
16细胞期	1小时30分钟	血液循环	14小时
桑椹期	2小时30分钟	出膜	20～22小时
囊胚期	3小时30分钟	口裂形成	50～55小时
原肠期	4小时10～30分钟	牙齿出现	第5天

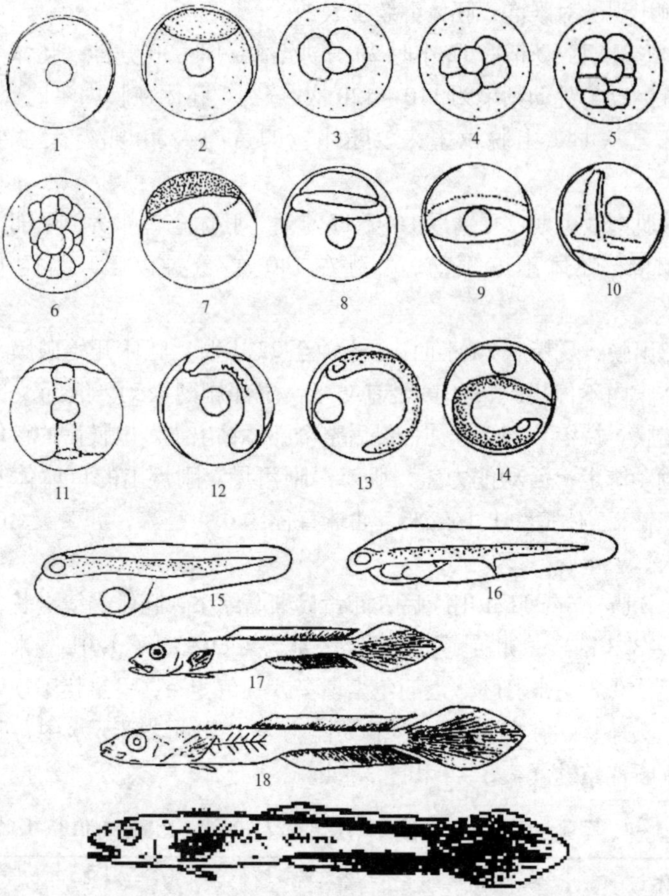

图 3－4　军曹鱼胚胎及仔、稚鱼发育过程

1．受精卵；2．胚胎隆起；3．2 细胞期；4．4 细胞期；5．8 细胞期；6．16 细胞期；7．囊胚期；8．原肠初期；9．原肠中期；10．原肠后期；11．胚体期；12．胚体抱卵黄囊 3/5；13．胚体抱卵黄囊 2/3；14．破膜前期；15．孵出期；16．孵化 12 小时的仔鱼；17．第 3 天仔鱼；18．第 10 天仔鱼；19．第 35 天稚鱼

四、仔、稚、幼鱼发育

刚出膜时，仔鱼和其他海水鱼类相比，体形相当大，平均全长

达到3.26毫米。油球在卵黄囊的下方，身体有黑色素分布，鳍部透明。仔鱼在停止充氧的情况下悬浮于水中，腹部朝上，呈水平或倾斜状。孵出后第3天，即开口摄食，鱼苗全长平均4.62毫米，口大、上颚微上翘，口径约为0.38毫米，躯干部呈暗棕色，原鳍部透明，对外物的接近相当敏感，会迅速地避开接近的物体。出膜后5天的仔鱼卵黄囊消失，6日龄（开口第4天）的仔鱼全长增加不明显，平均6.2毫米，但正常摄食的仔鱼身体明显变粗，呈暗棕色，尾鳍左右摇摆相当快速，喜欢聚集在气头周围，可以摄食经筛选过的桡足类无节幼体（其大小为0.21～0.27毫米），显示军曹鱼仔鱼对饵料的需求与其他海水鱼类的不同。7日龄的仔鱼油球消失，9日龄的军曹鱼仔鱼全长平均为8.06毫米，身体修长，下颚突出，微上翘，仔鱼对惊动较敏感，喜欢躲在池四周的角落，在这3日龄仔鱼有个死亡高峰。11～12日龄的仔鱼身体背部及尾鳍的色素更加明显，在池中较为分散，并分布于较下层。饱食的仔鱼腹部大，生长迅速，此时仔鱼的体色会由原来的暗棕红色转变为黑色，然后体背再变为暗绿色，鳍部颜色变深，背部的条纹逐渐出现。体色变黑的时间相当短暂，约为1天的时间。从此时开始仔鱼喜欢栖息在培育池的底部，白天亦不容易发现其踪迹。13日龄以后的仔鱼全长差异明显，仔鱼的移动性不大，不断地摆动尾鳍，有时弯曲躯干，并有较微的趋光习性，会聚集在光线较强的地方。14日龄的稚鱼全长15毫米，20日龄的稚鱼约为33毫米。25日龄后幼鱼体重增加明显，开始驯化投喂人工配合饲料，例如用鳗料粉拌成大小适宜的颗粒料。至30日龄，幼鱼的全长平均达到6.1厘米，体重0.59克，成活率平均为9%。30日龄后的幼鱼移至室外池塘培育。

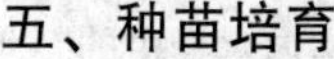

五、种苗培育

（一）室内水泥池育苗

1. 放养密度

鱼苗培育池不要太大，以20～25立方米水体较为合适，池深

1.5 米左右，放苗密度 2 万尾/立方米左右。培育用水应通过砂滤池过滤，以防止小型敌害生物混入池中危害鱼苗。

2. 投饵

开口饵料是仔鱼培育的关键，其饵料系列与其他海产鱼类大体相同，即轮虫→卤虫无节幼体→桡足类→卤虫、摇蚊幼虫→鱼肉糜。开口期仔鱼的游泳能力和主动捕食能力都很弱，投喂轮虫的密度控制在 10～15 个/毫升，因为轮虫密度过大会造成培育水中溶解氧消耗过快，使水体缺氧引起仔鱼窒息死亡，如果密度过稀，仔鱼会因吃不饱而饿死。为了提高轮虫的营养价值和不饱和脂肪酸的含量，在投喂前 6～8 小时用小球藻和乳化鱼肝油强化培养后再投喂。据仔鱼生长发育不同阶段对营养需求及适口性的要求，采用不同的饵料种类配合交叉投喂。一般 3～10 日龄（平均全长 5～12 毫米），轮虫为主；8～15 日龄（平均全长 8～18 毫米）增加桡足类；10～25 日龄（平均全长 12～40 毫米，大的可达 60 毫米）投喂卤虫无节幼体，数量逐渐增加；20 日龄（全长 18～59 毫米，平均 30 毫米）后开始投喂卤虫和摇蚊幼虫；最后是适量增加碎鱼肉。饵料转换时，不能立即转换不同饵料，要有几天时间用两种不同饵料交叉投喂，让仔鱼有个适应过程（图 3－5 至图 3－7）。

图 3－5　幼鱼培育箱沉入循环水道

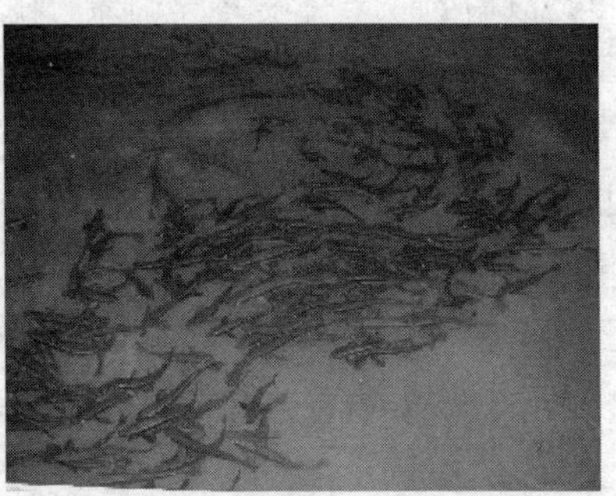

图 3－6　室内水槽中的军曹鱼幼鱼

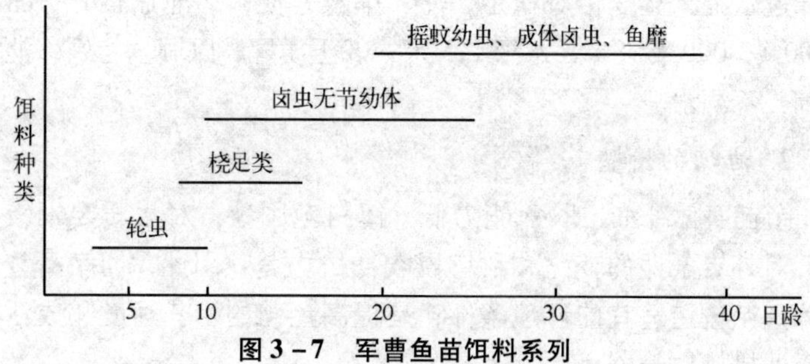

图 3－7　军曹鱼苗饵料系列

3. 水质管理

培育用水一定要经过砂滤，比重 1. 016 ~ 1. 022，pH 值 8. 0 ~ 8. 4，溶氧 4 毫克/升以上，氨氮 0. 20 毫克/升以下，水温 25 ~ 28℃。为了改善水质和为轮虫提供饵料，根据换水情况及时向培育池中补充小球藻，使其密度保持在 20 万细胞/毫升左右。充气量随鱼苗的生长和游动能力的增强逐步增加，初孵仔鱼的充气量以每个气石出气 0. 1 ~ 0. 2 升/分钟（呈微波状）为宜，以后逐渐增加到 2. 5 ~ 11. 0 升/分钟。为了保持水质清新，在 3 ~ 5 日龄后，每天要吸污清扫池底，并要换水，日换水量由 1/4 逐步增大，到培育后期，换水量达培育池水体的 2 ~ 3 倍。

4. 个体大小筛选

军曹鱼为凶猛鱼类，有残食习性。9 日龄之前，生长不明显，12 日龄后，生长速度加快，18 日龄仔鱼，平均全长约 24 毫米，此时鱼个体大小参差不齐，为避免残食，要依个体大小不同筛选分养，以后每隔 4 天左右筛选一次，直至全长 80 毫米以上，转移到海水网箱中培育。

（二）室外土池培育

军曹鱼种苗培育目前主要采用土池培育方法。

1. 鱼苗池的选择

鱼苗池条件的好坏直接影响鱼苗培育的效果。鱼池条件好就有利于鱼苗的生长、成活、管理和捕捞，选择的基本条件是：

①靠近水源，盐度相对稳定，注、排水方便；②池形整齐，面积1 500～3 000 平方米，水深1.5 米；③土质好，以壤土为好，池堤牢固，不漏水。

2. 池塘的清整

鱼苗身体纤细，取食能力低，饵料范围狭，对水质要求较严格，对外界条件的变化和敌害侵袭抵抗力差。因此，彻底清整池塘为鱼苗创造适宜的环境条件，是提高鱼苗的生长速度和成活率的重要措施之一。

(1) 干塘 将池水排干，挖出过量的淤泥，整平池底。修补池堤和进、排水口，填好漏洞裂缝。清除杂草等杂物。经曝晒数日后，可用药物清塘。

(2) 药物清塘 利用药物杀灭池中危害鱼苗的野杂鱼类和其他敌害生物，为鱼苗创造一个安全的环境条件。①生石灰清塘：有干池清塘和带水清塘2 种方法。干池清塘生石灰的用量为每亩用60～75 千克。带水清塘生石灰的用量为每亩、池塘水深1 米用125～150 千克。②漂白粉清塘：每亩、水深1 米的用量为13.5 千克。清塘3～5 天后药性消失可放苗。③茶粕（茶饼）清塘：每亩、水深15 厘米用10～12 千克，水深1 米用40～50 千克。清塘后注入海水需经60 目网过滤，以免敌害生物及野杂鱼等进入塘内。

3. 适口饵料生物的培养

仔鱼从下塘到全长40 毫米，适口饵料生物大小的变化一般是：轮虫→卤虫无节幼体→小型枝角类→大型枝角类和桡足类。这同鱼池清塘后浮游生物群落演替的顺序是一致的，使鱼苗正值池塘轮虫繁殖的高峰期下塘，不但刚下塘的鱼苗有充足的适口饵料，而且以后各个发育阶段也都有丰富的适口饵料。这种利用下塘鱼苗食物转换与鱼池清塘后浮游生物群落演替规律两者的一致性，即在轮虫繁殖高峰期鱼苗下塘称之为生态适时下塘。这是土池育苗能否成功的关键所在。

(1) 施肥 鱼池清塘后、在鱼苗下塘前6～7 天，施有机肥为大量繁殖各种藻类和细菌提供养料，同时也为刚孵化出的轮虫提供腐屑、细菌等食物。施基肥的种类和数量，因地制宜，一般每亩池塘施肥（鸡、猪、牛粪尿）300～400 千克。或大草（绿肥）500～600 千克。随着轮虫数量的增多需不断追肥和注水。轮虫繁殖达到高峰后，每天每亩池塘放粪尿肥 50 千克，全池泼洒，每 2～3 天加注新水 10～20 厘米深。当水色转变为茶褐色或油绿色时，说明浮游生物已大量繁殖了。

（2）接种 在海水池塘中，尤其是盐度较高的池塘，有时轮虫繁殖较慢，桡足类不是浮游动物优势种群（其无节幼体是刚开口仔鱼的饵料），池塘中没有期望的浮游动物种类或轮虫时，可从较适合的自然生境中收集该种动物或其休眠卵，或采用单独培养的方法来向池塘接种，促进它们大量繁殖。

（3）投饵 随着仔鱼的生长发育、摄取的食物也随着改变，放苗后 20 天左右开始投喂少量鱼肉糜，依据每天摄食情况逐步增加投喂量。投喂鱼浆时要先驯饵，开始沿塘边均匀投喂，之后每天减少投喂点，慢慢变成定点投喂。

（4）鱼苗放养 每亩放养初孵仔鱼 10 万～20 万尾。放苗宜在晴天上午。鱼苗下塘时应注意池内水温、盐度与孵化缸相接近，水温一般不要超过 ±2℃。鱼苗下塘时，池内轮虫数量应达到 10 000 个/升左右，生物量 20 毫克/升以上。

军曹鱼苗在室外土池培育，其生长速度比室内水泥池培育的快，在 30 日龄前，大约每天增长 3 毫米左右，生长日龄与平均全长关系见表 3－5。

表 3－5 军曹鱼苗生长日龄与平均全长

日龄/天	3	5	6	7	8	9	10	13	18	23	28
平均全长/毫米	6	8	11	14	17	20	23	32	47	62	71

（三）室内水泥池与室外土池结合育苗

军曹鱼苗摄食量大，培养的饵料生物量往往供应不足，影响鱼苗成活率。因此可采用室内池和室外池相结合的培苗方法，即在室内水泥池把鱼苗培育到全长 10 毫米左右，再移放到室外土池继

续培育，因为军曹鱼苗在9日龄之前，生长不明显，第12日龄后，生长迅速，放入土池可满足其生长需要。

（四）网箱培育

在土池或室内水泥池培育的鱼苗全长达到80毫米以上时，可移入海水网箱中培育，网箱的网目孔径为0.65厘米×0.75厘米。放养密度300尾/平方米左右，投喂碎鱼浆，培育至全长10～12厘米，可进行食用鱼养殖。

第三节　军曹鱼营养需求

一、蛋白质、脂肪需求

国内的一些学者将军曹鱼的蛋白质营养需求作为重要课题进行研究。谭北平等（2001）探讨了平均体重（3.39±0.08）克的军曹鱼幼鱼饲料中最适蛋白能量比。结果表明，军曹鱼幼鱼饲料中最适蛋白质、脂肪水平和蛋白能量比分别为44%、12%和28.2毫克/千焦。

鱼粉是水产动物饲料中的优质蛋白源，在饲料中占的比例很大。近年来，由于其产量下降，价格昂贵，致使饲料成本过高。因此，寻找新的替代鱼粉的蛋白源，特别是利用廉价的植物蛋白源来替代鱼粉，已引起广大水产科技工作者的广泛关注。军曹鱼作为肉食性鱼类，对蛋白质要求比较高。王广军等（2005）探讨了用豆粕替代部分鱼粉的适宜用量，建议军曹鱼饲料中豆粕与鱼粉的比例为1∶1.8。

二、维生素、矿物质、碳水化合物等需求

维生素在动物体内及饲料中含量虽少但却是动物生长发育不可缺少的生物活性物质，对动物的生长和健康关系极大。胆碱和肌醇对动物体中胡萝卜素和维生素A的代谢有密切关系。对平均体重（28.96±9.78）克的幼鱼进行投喂试验，结果表明：饲料中

维生素 E、维生素 C、胆碱、肌醇的适宜添加量分别为 45 毫克/千克、50 毫克/千克、3 000 毫克/千克、200 毫克/千克。

矿物质是饲料中不可缺少的营养物质，从增重率、饵料系数、成活率以及肥满度等方面考虑，提出饲料中添加 7% 的复合矿物质对军曹鱼有明显的促生长作用。单独对军曹鱼幼鱼磷的需要量进行了研究，其最适含量为 0.88%。另外，军曹鱼对碳水化合物的利用能力较差，配合饲料中应以不超过 17.27% 为宜。

第四节　军曹鱼养殖技术

目前，军曹鱼的养殖方式主要有网箱养殖及池塘养殖等，其中采用最为广泛的是近海或深海的网箱养殖。

一、海区的选择和网箱的准备

养殖军曹鱼的网箱应该选择在有一定挡风屏障或风浪相对较小，水流畅通、水体交换充分、不受内港淡水和污染源的影响，水质清爽，水质环境相对稳定的海区。水深一般要求在 10 ~ 15 米（指落潮后），如果为深水网箱，可以设置在水深 20 米以上的海区。为保证养殖的成功，养殖海区的水质应满足以下条件：盐度 25 ~ 35，水温 18 ~ 32℃、pH 值 7 ~ 9，透明度 8 ~ 15 米、溶解氧 5 毫克/升以上。

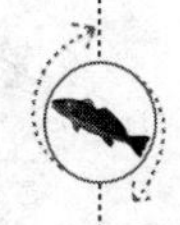

养殖军曹鱼的网箱一般由聚乙烯材料制成的网线编结而成。网目为 2.5 ~ 3.0 厘米，网箱规格可以根据鱼苗的大小及实际情况调整，从 3 米 ×3 米 ×3 米到 6 米 ×6 米 ×6 米不等。在深海区，则可以使用直径达 20 米以上由高强度聚乙烯（PE）制成的深水网箱进行养殖。根据网箱大小以及潮流和风浪的不同情况，可以单个网箱单点固定，或多个网箱组成网排，多个网箱组成的网排应保持适宜的间距，一般要求在 3 米以上，以保障水流的畅通。

二、鱼种的放养

南方地区到4—5月，当水温回升并稳定在18℃以上时，即为鱼种的适宜投放时间。军曹鱼的放养密度应根据海区水质环境条件、养殖技术和日常管理水平、饵料来源情况及产量和规格要求等情况来灵活掌握。如果投放规格在500克以上的鱼种，投放密度一般在每立方米7尾左右。若投放规格较小的当年鱼种，则可每立方米放苗100尾以上，此后可以根据网箱的大小和军曹鱼的生长情况进行分苗，逐渐降低养殖密度。投苗一般选择在风浪较小的早上进行，投放的军曹鱼苗应该种质优良、体质健壮、规格整齐、无病、无伤、无畸形。需要指出的是，军曹鱼幼苗互相残食的现象非常严重，在放苗时需要严格控制放苗的大小，务必使同一个网箱的军曹鱼规格大小一致以减少互相残食的损失。

三、喂养与管理

（一）饲料投喂

军曹鱼是肉食性的鱼类，特别喜欢摄食新鲜的小杂鱼虾，也能很好的摄食专门的膨化配合饲料。鲜杂鱼虾因来源不稳定及不易保存等问题常常受到限制，因此驯化军曹鱼摄食膨化配合饲料进行养殖非常必要。一般鱼种投放后第2天起就可以开始投喂饲料，具体操作方法为：投喂初期应以量少慢投，以引诱鱼类上来摄食；待大部分鱼类上来抢食时，则应以量多快投；当绝大多数鱼类沉下箱底时，又恢复量少慢投，以关照弱小鱼类也能吃饱。正常情况下，上午8—9时，下午5—6时各投喂一次，饵料日投喂量为鱼体重的10%左右。此外，投喂饲料还应该根据小潮汛多投，大潮汛少投；透明度大时多投，浑浊时少投；水温适宜时多投，反之少投的原则进行适当调整。

根据军曹鱼的营养需求，军曹鱼在幼鱼阶段饲料中的蛋白含量应该在45%左右；当个体规格长至500克以上时，其饲料中的蛋白含量要保证在42%以上。因军曹鱼都是在水体表面摄食且抢食较凶，因此可以选择优质的海水鱼浮性膨化配合饲料进行投喂，并且根据鱼的大小适宜调整投喂颗粒的大小。此外，根据军曹鱼的摄食情况可适当补充投喂少量新鲜小杂鱼，膨化料与小杂鱼比例以7∶3或8∶2较为科学合理。

（二）日常管理

网箱养殖的日常管理要做到“五勤一细”，即勤观察、勤检查、勤检测、勤洗箱和勤防病，耐心细致投饵，以及防患大风、污染、人为等意外事故发生。要经常对养殖军曹鱼进行巡视，注意观察鱼群活动情况及水色、水质等情况。一般每天早、中、晚都应该测量水温、气温，每周应该测1次pH值，测2次透明度。每隔15～20天左右抽样测量军曹鱼的体长和体重，以掌握其生长速度、规律等情况，便于确定饵料的投喂量，同时检查军曹鱼鱼体是否有病害发生。

在网箱养殖中，网箱的清洗和更换是非常重要的工作。在海水中浸泡了一定时间的网箱系统，会或多或少地附着藤壶、牡蛎等贝类和各种藻类，这在一定程度上阻碍了水流的畅通和水体的交换，从而影响了军鱼曹的生长和加重了网箱系统的下沉力。因此，在日常管理工作中，要根据网箱上附着生物量及鱼类养殖情况进行换网和清洗。一般3～6个月换一次网，换网时必须防止养殖鱼卷入网角内造成擦伤和死亡，操作要细致。网箱清洗可使用高压水枪喷洗、淡水浸泡、暴晒等方法进行。

此外，因为军曹鱼的残食现象比较严重，因此在养殖过程中发现养殖军曹鱼规格大小不一时还应及时进行分箱饲养。

（三）安全生产

在海水网箱养殖军曹鱼的过程中要经常检查网箱的安全。应采用水面、水中（潜水）观察相结合的方法经常检查网箱系统的附着情况，网箱有否破损、各种缆绳有无磨损、网箱系统的固定设施是否牢固坚硬等，发现问题采取相应措施及时处理，防患于未然。在灾害性天气出现之前应采取加盖网，检查和调整锚、桩索的拉力，加固网箱的拉绳和固定绳，检查框架、锚、桩的牢固性，

养殖人员、船只迁移至避风港等措施进行防范。

（四）收获

当年人工孵化的军曹鱼苗一般在6厘米左右进行投放，养殖半年可达1～2千克，1年后可达3～5千克，2年可达10千克。而在5月投放500克以上的上年鱼苗经过6个月的养殖就可以达到4千克以上。当前军曹鱼主要用于加工成鱼片出口，规格越大价格越高，一般来说，军曹鱼的市场价格在4千克/尾以上时较好，因此建议在此时收获。此外，养殖者可以根据军曹鱼的生长情况和市场预测来确定开始养殖的时间或放苗的规格，以期获得最大的收益。

（五）养殖实例

（1）南海水产研究所等单位2000年在深圳市开展升降式深水抗风浪网箱养殖军曹鱼试验（图3－8）。网箱圆形，直径12.7米，网深7米，有效养殖水体850立方米，可下降至水下10米。养殖海域水深15～30米，海水透明度2米以上，水温14.5～30.8℃，盐度30～33，pH值7.91～8.31，溶解氧6.62～7.80毫克/升，2个网箱共放养大规格鱼种12 000尾，放养密度为7尾/立方米，平均体重505克，主要投喂下杂鱼并掺投少量浮性配合饲料，投喂率控制在鱼体重的4%～7%。经过133天的养殖，军曹鱼的平均体重增至3 800克，共收成鱼10 280尾，养殖成活率87.4%，整个养殖过程中，共使用杂鱼238 000千克（膨化饲料按价格进行折算），饵料系数7.2。共收获商品鱼39 000千克，即19.5千克/立方米，总产值110万元，养殖成本74万元（苗种24万元，饲料26万元，工资及其他18万元，折旧6万元），利润36万元。

（2）为了充分开发我国热带海域丰富的海洋生物资源，向外拓展养殖空间，南海水产研究所2000年8月至2001年2月在南沙群岛美济礁开展了网箱鱼类养殖试验。养殖鱼排设计为9个孔，每个网箱规格3米×3米，鱼排安装在潟湖南面入口的右侧15～16米深处。潟湖内表层水温27～32℃，盐度32.5，平均pH值8.23，水体溶解氧7毫克/升以上，鱼种由珠海桂山岛海水网箱养殖场装

图 3-8 军曹鱼深水网箱养殖

船后，由活水船运至美济礁。军曹鱼放养数量 1 260 尾，平均体重为 402 克，以投喂人工配合饲料为主，适当辅以美济礁捕获的新鲜小杂鱼，每天上午和下午各投喂一次，投喂量以鱼饱食为准。经过 7 个月的养殖，军曹鱼的平均月增重率为 852 克，最大个体重达 10.5 千克，成活率 92.1%，饵料系数为 3.0。

（3）海南省水产技术推广站在三亚市亚龙湾野猪岛（水深 12 ~15 米）一带海域开展近海浮绳式网箱养鱼试验，试验点共设 6 口网箱（8 米×8 米×6 米），从 2000 年 9 月 20 日起陆续投放每尾 1.69 ~1.97 千克的军曹鱼苗 13 000 尾。军曹鱼在浮绳式网箱内生长速度快，经 105 天养殖，平均成活率 98.45%，最大个体达每尾 6.5 千克，体长 75 厘米，最小个体体重 4.0 千克，体长 58 厘米，平均尾重 4.85 千克，每箱产量达 5.1 吨。据测算，每千克产品成本为 20.3 元，利润为 15.6 元。

第五节 军曹鱼病害防治技术

随着养殖密度的增大和养殖生态环境的恶化，加上管理不善，导致鱼体受伤，鱼体的抵抗力下降等原因使军曹鱼病害日趋严重，已成为制约军曹鱼健康养殖发展的关键因素之一。其中以细菌性

疾病的危害最为严重。病害防治要坚持“以防为主，防治结合”的原则。鱼苗的选择、放养前消毒、饵料质量、日常管理等方面要做到层层把关，放养时苗种要经过杀菌消毒，苗种投放前可以用淡水或0.1毫克/升高锰酸钾溶液浸洗鱼体10～15分钟。此外，要坚持巡视，特别留意观察军曹鱼群的游动、摄食情况，一旦发现病、死鱼应及时隔离治疗或进行无害化处理（如深埋等），切勿随意将其扔出网箱外，使病害传播蔓延，造成更大的危害。当前，军曹鱼网箱养殖中常见的病害是淋巴囊肿病和弧菌病等。

一、淋巴囊肿病

该病的病原为鱼淋巴囊肿病毒（LCV）。患病鱼的体表、鳍、嘴、鳃、眼球表面出现大量单个或成群的疱状物，使皮肤呈砂纸状，大多数分布在血管附近，颜色由白色、淡灰色至红色。病鱼的肌肉、腹膜、心包、咽、肠壁、肠系膜、肝、脾、卵巢等组织也可出现淋巴囊肿。本病全年都可发生，水温20～25℃时是发病高峰期。防治方法：本病尚无有效的治疗方法，主要是进行预防。要经常观察，及时捞取病鱼，以避免病鱼体表的病毒危害其他鱼；此外可以在网箱中泼洒或挂袋杀菌药或鱼体药浴，以防继发性细菌感染。

二、弧菌病

从海水网箱养殖的患病军曹鱼的肾脏、肝脏等实质器官及腹水中分离出JA－46菌。药敏试验结果表明，氯霉素、复方新诺明、庆大霉素、环丙沙星、红霉素、氟哌酸、先锋霉素和丁胺卡那霉素8种药物对该菌株有抑制作用，但该菌株对青霉素和氨苄青霉素不敏感，表明该菌具有很强的毒力。经鉴定该菌为创伤弧菌*Vibrio vulnificus*，可引起体表溃疡，进一步引发败血症。感染的鱼厌食，在鳍基部、体表等部位出现点状出血，随后出血点突破体表形成溃疡。急性患病的鱼表现出典型的败血症，肝失血变白，肠壁充血，肠道内有积液，部分鱼腹腔内有腹水。防治方法：弧菌病的发生同水质密切相关，多发于养殖后期，海区局部呈现富营养化的趋势时期。所以，保持优良的水质环境，并在高温期强化鱼苗的营养，增强体质是预防弧菌病的关键。养殖军曹鱼感染后可以每千克饲料添加土霉素1.5～1.8克拌饵投喂，连用5～7天。或用聚维酮碘（PVP）20～30毫克/升浸泡5～10分钟。

三、硅藻附着病

被硅藻附着的鱼体表有一层黄泥状黏附物，刮去附着物镜检可见有大量硅藻，并有少量的原虫类。最易感染200克以内的小鱼。受到感染的鱼身体不安、摩擦受伤，引起死亡。防治方法：发现有此现象，用淡水+福尔马林（200～300）毫克/升浸泡3分钟可以清除。

四、本尼登虫病

病鱼摄食减弱，鱼体因感染本尼登虫不安摩擦网箱损伤，受感染的军曹鱼极易引起单目和失明，如治疗不及时可以引起大量死亡。此病在水温27℃以下极易传播。防治方法：用淡水浸泡鱼体5～6分钟，虫体可以脱落。

五、蜡状芽孢杆菌病

网箱养殖不久的鱼苗容易发生细菌性疾病。从大量发病的鱼苗中分离出病原菌蜡状芽孢杆菌 *Bacillus cereus*，初步分析发病原因是：运输中体外受伤；鱼苗购买前后饲养环境变化大，引起抗病能力下降；发病期间雨水多，气温变化大，抵抗力下降；饲料中维生素氧化变质。症状：病鱼不摄食，离群，游动迟缓，长时间浮于水面，体深黑色，部分鱼眼出血、突出、继而发白、失明。病鱼头大，肠道明显充血，无食物。有时伴有硅藻附着体表。防治方法：①把网箱移至水较深、海水易交换的水域，改善养殖环境。②饲料中加入药物，庆大霉素每千克鱼体重用0.3克，强力霉素每千克鱼体重加0.6克，同时配合维生素A、维生素C、维生素

E 及复合维生素 B，每千克鱼体重各加 0.1 ~ 0.2 克，每天投喂 2 次，连续一周。③饲料中加入复方新诺明 3 ~ 5 克/千克饲料，连续投喂7 ~ 10 天。④禽用红霉素进行鱼体及网箱内消毒。在网箱周围挂袋，使网箱内水体成 0.3 毫克/升浓度。

第四章　黄鳍鲷养殖技术

内容提要： 黄鳍鲷的生物学特性；黄鳍鲷人工繁殖和育苗；黄鳍鲷养殖技术；黄鳍鲷病害防治技术。

黄鳍鲷 *Sparus latus*（图 4－1），又名阔黑鲷、黄鳍棘鲷，属鲈形目 Perciformes、鲷科 Sparidae、鲷属鱼类。广东俗称黄脚鲆（腊）、黄丝鲆、鲆鱼、黄墙，福建俗称黄翅，台湾俗称乌鲸、赤鳍仔。英文名：Yellowfin seabream，Yellowfin porgy，Black seabream 等。

图 4－1　黄鳍鲷 *Sparus latus*

第一节　黄鳍鲷的生物学特性

一、地理分布与栖息环境

黄鳍鲷广泛分布于红海、阿拉伯海、印度、印度尼西亚、朝

鲜、日本、菲律宾和我国的东南沿海近岸海域。广东省沿海分布甚为普遍。

二、形态特征

黄鳍鲷体呈长椭圆形，侧扁，背面狭窄，从背鳍起点向吻端渐倾斜，腹面圆钝，弯曲度小。背鳍Ⅺ－11，臀鳍Ⅲ－8，腹鳍Ⅰ－5，尾鳍17，侧线鳞45－48，侧线上鳞4－5，侧线下鳞11－13。体长为体高2.4～2.6倍，为头长3.2～3.4倍。头中等大，前端尖，头长为吻长2.7～3.3倍，为眼径3.8～4.8倍。吻尖。口中等大，几呈水平状，上下颌约等长，上颌后端达瞳孔前缘下方。前鳃盖边缘平滑，鳃盖后缘具一扁平钝棘。鳃耙6－7＋8－9，甚短，其长约为眼径的1/6倍。

体被薄的弱栉鳞，头部除眼间距，前鳃盖骨，吻端及颊部外均被鳞，颊鳞5行。背鳍及臀鳍鳍棘部有发达的鳞鞘，鳍条基部被鳞，侧线完全，弧形。

背鳍鳍棘强，以第四或第五鳍棘最长，背鳍起于腹鳍基的稍前方。臀鳍与背鳍鳍条部相对，第二鳍棘显著强大。

生活时体青灰而带黄色，体侧有若干条灰色纵走带，沿鳞片而行。背鳍、臀鳍的一小部分及尾鳍边缘灰黑色，腹鳍、臀鳍的大部及尾鳍下叶黄色。

三、生活习性

黄鳍鲷为浅海暖水性底层鱼类，一般个体体长200～300毫米，最大个体可达3.3千克。生活于近岸海域及河口湾，幼鱼生活水温范围较成鱼狭，生存适应温度为9.5～29℃，致死临界温度为8.8℃和32℃，生长最适温度为17～27℃，在18℃时的临界氧阈为2.3毫克/升。成鱼可抵抗8℃的低温，水温高达35℃也能生存。黄鳍鲷能适应盐度剧变，比重在1.003～1.035的水中都能正常生活。可由海水直接投入淡水，在适应一星期左右以后又可重返海水，仍然生活正常。而在咸淡水中生长最好。当从极低盐度（比重1.003）水中投入高盐度海水（比重1.018以上）中时，可以看到由于渗透压急剧变化的关系，少数个体不能马上适应而失去平衡，呈死鱼的状态浮于水面不动，数十分钟后便能恢复常态，活跃游翔。

黄鳍鲷没有远距离的洄游习性，但有明显的生殖迁移行动。在产卵前约两个月，便从近岸或生活的咸淡水水域中向高盐的较深海区移动，这一过程约需两个多月，产卵后又重返近岸。南海近岸鱼群产卵适温范围为17~24℃，最适温度为19~21℃。每年10月至翌年1月为其生殖季节，产卵盛期为11—12月，1—2月其稚鱼大量出现于港口及咸淡水交汇处。鱼塭纳苗，在1—7月均有不同规格及不同数量，但以1—2月为最高峰。

四、食性与生长

（一）食性

黄鳍鲷的食饵生物有长尾类、瓣鳃类、鱼类、底栖端足类、后鳃类、多毛类、底栖海藻类、蛇尾类、短尾类、毛颚类、头足类、口足类和纽虫类等13个类群。依据对出现频率百分比组成、重量百分比和个体数百分比指标的综合分析，显然长尾类和瓣鳃类最为重要，其次是鱼类、底栖端足类、后鳃类、多毛类和底栖海藻类。按生态类型划分食饵生物组成，不论出现频率百分比组成，重量百分比和个体数百分比都是底栖生物为主，其次是游泳生物，由此可见，黄鳍鲷属于底栖生物食性类型的底层鱼类。

黄鳍鲷的消化器官结构与其食性相互适应，幼鱼倾向杂食性（肉食性兼底栖海藻类）比肠长（即肠长占体长的百分比）较大；成鱼转为肉食性，比肠长变小（表4-1）。

表4-1 黄鳍鲷肠长与体长之比

体长/毫米	101~120	121~140	141~160	160~180	181~200	201~220	221~240	241~300
尾数	7	30	79	27	5	18	13	4
比肠长（%）	100.0	98.8	98.1	93.9	88.7	88.6	87.1	85.8

黄鳍鲷的食饵要求不严格，杂鱼虾、花生饼、豆粉、麦糠、米糠等都是养殖该鱼的良好饵料。有些养殖者，以杂鱼、豆粉、羊肝、面粉、麦糠和苜蓿等外加一些必要的维生素和无机物配制成颗粒饵料投喂效果良好。黄鳍鲷生性较凶，仔鱼时期同类间常因饥饿争食而相互争斗造成伤亡。此鱼不成群结队游泳，而是各自在底层或近底层水体觅食。每当初夏，水温回升到17℃以上时，摄食量开始增加，食物充塞指数常在60以上，水温回升到20℃以上时，其摄食活动最频繁，一般在黄昏前其摄食活动最强，下半夜很少或暂停摄食，天气恶化如刮风下雨时也停止摄食，并喜欢隐栖在海底的石头等物体旁边，较少活动。

（二）生长

1. 体长与鳞长的关系

黄鳍鲷体长（L，毫米）—鳞长（S，毫米）的关系可分别用直线回归方程：$L = 29.767\,9S + 38.137\,5$ 和 $L = 65.351\,8S^{0.651\,0}$ 表示，其相关系数 r 值分别为 0.923 8 和 0.817 8，表示两者相关紧密。

2. 体长与体重的关系

黄鳍鲷体长（L，毫米）增长与体重（W，克）增长的函数关系属于幂函数关系：$W = 3.392\,5 \times 10^{-5} L^{2.986\,2}$ （$P < 0.01$）。

3. 生长速度

采用 Lee. E 氏正比例公式推算各龄体长，同时依体长与体重的关系式推算各龄体重，结果为1龄鱼体长169毫米，重153克；2龄鱼体长219毫米，重329克；3龄鱼体长262毫米，重565克。

五、繁殖习性

（一）生物学最小型

依据池塘养殖记录并辅以鳞片进行年龄鉴定，结果表明，发育成熟，可以挤出精子的雄鱼最低年龄为一龄，最小体长145毫米，体重115克；具有成熟卵子的成熟雌鱼最低年龄为三龄，最小体长为 223 毫米，体重 350 克。

（二）性别

对 252 尾池养黄鳍鲷进行检查的结果发现：雌性个体比雄性个体大：雄鱼体长范围为 145～280 毫米（219.94±41.8 毫米），体重 115～600 克（329±120.7 克）；雌鱼体长范围为 182～340 毫米（247.94±50.5 毫米），体重 150～122 5 克（500±226.2 克）。随着体长增加，雌鱼所占的比例明显提高（图 4－2）。

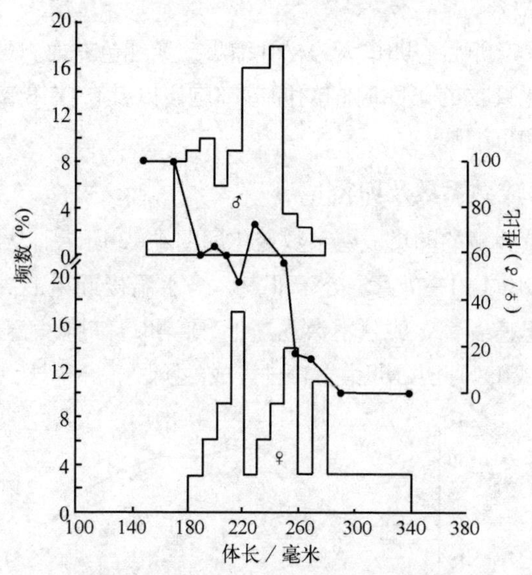

图 4－2　黄鳍鲷亲鱼体长分布及性比

（三）卵巢发育变化

黄鳍鲷卵巢属被卵巢型。

Ⅰ期　卵巢体积很小，紧贴于体壁内侧，呈透明状，从组织切片上看，卵巢腔已可见到，充满卵原细胞，卵径为10.3～18.7 微米。

Ⅱ期　卵巢呈扁带状，肉眼不能看出卵粒，从切片上看，卵巢中卵母细胞的特点是未形成卵黄颗粒，其直径为 28.6～45.6 微米。

Ⅲ期　卵巢外观比较发达，占腹腔的 1/3～1/2，肉眼能清

楚地分辨卵粒，卵母细胞开始出现卵黄颗粒，卵径为65.2～150.2微米。

Ⅳ期　卵巢外观显得丰满，肉眼可见部分大而透明的卵子，为卵母细胞大量积累卵黄阶段，卵子彼此容易分离，卵径为147.2～438微米。

Ⅴ期　卵巢体积最大，充满了整个腹腔，用肉眼看，卵巢膜薄而透明，其内卵粒透明而易于流出，成熟卵透明，细胞的直径达430～550微米。

Ⅵ期　产卵后的卵巢大为松弛缩小，紫红色充血，卵粒主要是正处于退化吸收的第四时相的卵母细胞，以及一些第二时相和第三时相的卵母细胞。

（四）成熟系数及卵径

池养黄鳍鲷的卵巢成熟系数变化如图4－3所示。从图4－3中可见，其卵巢自1—7月均处于Ⅱ期，当水温接近年最高月平均值时，卵巢迅速发育，成熟系数逐渐上升，卵母细胞发育进入Ⅲ期，10月下旬或11月初，卵巢发育进入成熟阶段，卵径达到最大值。

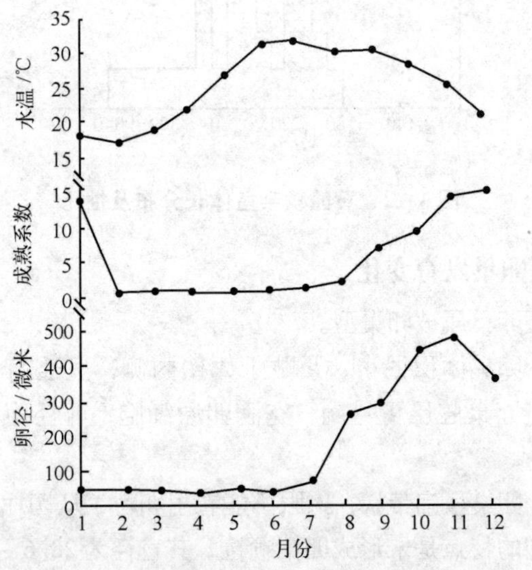

图4－3　黄鳍鲷卵巢和卵母细胞发育逐月变化

（五）生殖力

池养黄鳍鲷个体绝对生殖力波动在 30 万～237.7 万粒，平均值和标准差为（135.7 ±7.55）万粒；个体相对生殖力波动范围为 1 200～9 700 粒/毫米体长，平均值和标准差为（5 093 ±2 940）粒/毫米体长；个体相对生殖力波动在 740～5 756 粒/克，平均值和标准差为（2 511 ±1 613）粒/克体重。

（六）产卵类型与次数

黄鳍鲷与其他鲷科鱼类一样，其卵巢属于分批产卵类型。经激素催产后，一般产卵 2～3 次，若在繁殖季节盛期，继续追加 1～2 次注射，仍可促使亲鱼进一步排卵。从组织切片观察发现，卵巢中存在着各期卵母细胞（图 4－4）。

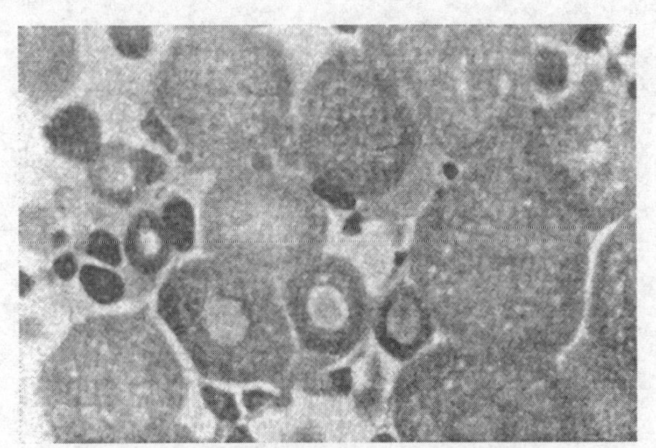

图 4－4　黄鳍鲷卵巢组织切片

（七）雌雄同体形态及组织学

根据解剖结果并进行性腺形态及组织学观察发现，在黄鳍鲷雄鱼性腺中发现卵巢组织淡黄色（图 4－5），而在成熟雌鱼中未看到精巢组织。雄鱼性腺中卵巢部分的卵母细胞仅处于第一时相，直径 24～32 微米，精巢和卵巢之间具有组织将之间隔开（图 4－6）。

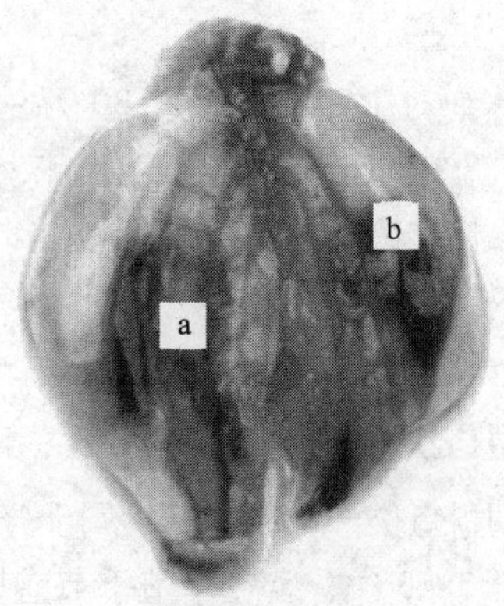

图 4－5　黄鳍鲷雌雄同体性腺

（a. 卵巢组织；b. 精巢组织）

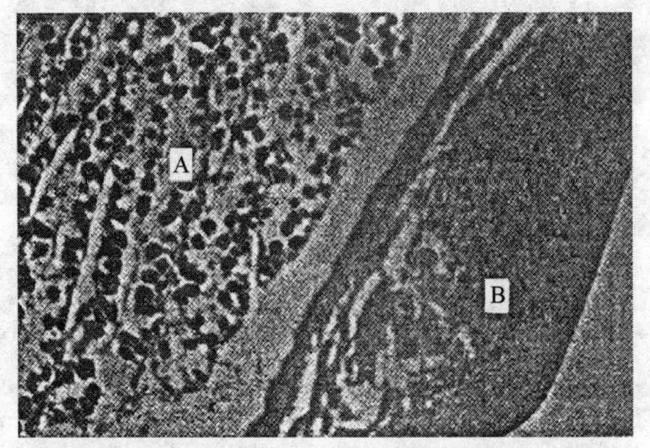

图 4－6　黄鳍鲷雌雄同体性腺组织切片

六、肌肉营养成分

水分采用 GB 5009.3—85 直接干燥法测定，灰分采用 GB 5009.4285 高温灼烧法测定，蛋白质采用 GB 5009.5—85 凯氏定氮法测定，脂肪采用 GB 5009.6285 索氏抽提法测定。测定结果：水分 74.4%，粗蛋白 21.1%，粗脂肪 1.31%，灰分 1.5%。

氨基酸测定：用日立 835－50 型氨基酸自动分析仪分析，测定结果见表 4－2 所示。

表 4-2 黄鳍鲷肌肉氨基酸组成 单位：%

氨基酸	含量	氨基酸	含量
天门冬氨酸	2.08	异亮氨酸	1.06
苏氨酸	0.86	亮氨酸	1.76
丝氨酸	0.67	酪氨酸	0.68
谷氨酸	2.96	苯丙氨酸	0.84
甘氨酸	1.06	赖氨酸	2.02
丙氨酸	1.26	组氨酸	0.46
缬氨酸	1.14	精氨酸	1.30
甲硫氨酸	0.62	脯氨酸	0.69
半胱氨酸	0		

黄鳍鲷脂肪酸测定结果（以干重计）：脂肪酸总量 82.66%，不饱和脂肪酸 41.42%，脂肪酸不饱和度 50.20%；不饱和脂肪酸（n3）的含量：18:1 为 20.92%，18:3 为 0.96%，16:1 为 7.04%，20:5 为 3.09%，22:6 为 5.83%。

第二节 黄鳍鲷人工繁殖和育苗

一、亲鱼的来源和培育设施

（一）亲鱼来源

种苗生产所用的亲鱼来源于四个方面：①每年繁殖季节在海区或鱼埕中捕获成熟亲鱼；②在珠江三角洲咸淡水养殖区的池塘中捕获；③将在海上钓捕的鱼放在网箱中培养成亲鱼；④将天然鱼苗或人工培育的鱼苗放养在池塘或海上网箱中培养成亲鱼。

利用闸门网、刺网或钓钩等渔具捕获性成熟的亲鱼，移入活水舱或活鱼运输车速运到繁殖场，再用鱼布袋或其他容器以干法或带水移入暂养池。若亲鱼因运输过程中缺氧，放入池中后侧卧池底，只要鳃盖和口部尚有微动，立刻对准口部冲水抢救，数分钟

后，亲鱼即可恢复常态。捕捞、运输以及移入暂养池等过程都应细心操作，以避免亲鱼受伤。

（二）亲鱼培育设施

亲鱼池面积以 1 ~ 2 亩为宜，水深 1 ~ 1.5 米左右，沙泥底质，池底平坦，进排水方便，放养前应修池塘，清除淤泥，每亩投放石灰 150 千克或茶籽 50 千克。也可在海上网箱中培育亲鱼，网箱规格通常为 2.5 米 ×2.5 米 ×2.5 米或 3 米 ×3 米 ×3 米等。

（三）日常管理

1. 放养密度

专池培育时每亩放养亲鱼 80 ~ 110 尾，同时放养数尾鲻鱼，籍以清理池中剩饵及有机碎屑。混养于鲻鱼或四大家鱼池的亲鱼，每亩搭配 20 ~ 30 尾黄鳍鲷。海上网箱放养密度以 10 千克/立方米为宜。

2. 投喂饲料

每天投喂饲料 2 次，上午 7—8 时、下午 3—4 时各喂一次，日投喂量为鱼体重的 3% ~ 6%，如有条件，池塘中可适当放养少量罗非鱼，利用该鱼繁殖的幼鱼作为亲鱼饵料。

3. 定期冲注新水

每 7 ~ 10 天冲注新水一次，每次加水 15 厘米左右，保持水质清新。

4. 适时开增氧机

黄鳍鲷需氧量较高，鱼严重浮头后，不易存活。因此应定期进行水质分析，坚持每天巡塘、观察池水水色及亲鱼的动态，晚上 10 时到第二天早上 6 时开增氧机，防止亲鱼缺氧浮头。

5. 水质调控

定期施放微生物水质改良剂，调节水质，降解养殖代谢产物，给亲鱼营造一个优良生态环境。

二、亲鱼的选择和培育

亲鱼应选择体质健壮、无伤病、外表鲜艳者，雄鱼选择轻挤后腹，即有乳白色浓稠精液流出者为好，供自然产卵受精用的雄鱼，则要求个体较大，一般体重应在250克以上。

雌性亲鱼选择体重在400克以上，体光滑无损，腹部膨大，卵巢软，轮廓明显延伸到肛门附近，用手轻压腹前后均松软，腹部鳞片疏开，生殖孔微红，肛门稍为突出，卵径450~500微米以上，卵粒呈橙黄色或淡黄色，彼此之间易分离者为完好的成熟亲鱼（图4－7）。从外观上选择成熟亲鱼有时比较困难，检查前一定要停食1~2天，避免饱腹造成的假象，选择时将腹部朝上，两侧卵巢下坠，腹中线下凹，卵巢轮廓明显，后腹部松软者为好。按此标准挑选出来的亲鱼，一般催产效果较好。

图4－7　成熟的黄鳍鲷雌性亲鱼

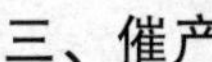

三、催产

根据亲鱼的解剖和催产效果及气候条件，广东地区的黄鳍鲷催产期在10月中旬至11月底为宜。

采用绒毛膜促性腺激素（HCG）和促黄体生成素释放激素类似物（LRH－A），单一或混合行胸腔或背部注射（图4－8）。雌鱼注射量HCG为1 200国际单位，LRH－A为20微克/千克体重，混合使用时各半或两者适当增减。一般作2次注射，注射间隔为24小时。第一次注射量为总剂量的1/3或1/2，第二次用完余量，

雄鱼注射剂量减半。然后按雌雄 1∶(2～3) 的比例将亲鱼放入产卵池，充气。

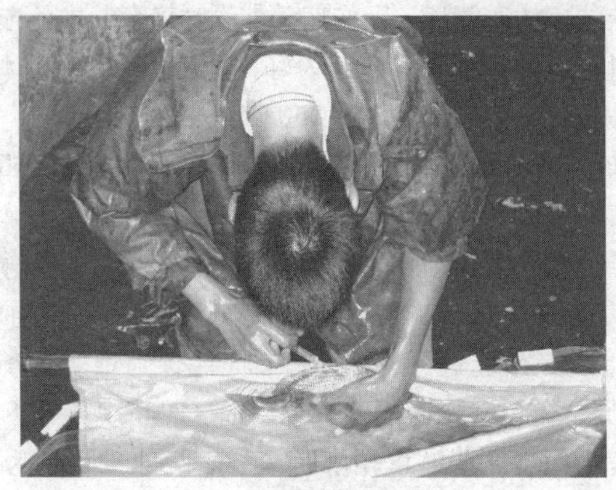

图 4－8　黄鳍鲷亲鱼催产

四、受精

采用自然受精或人工授精两种方法。

(一) 自然受精

让亲鱼在产卵池的网箱中自行排放精卵，然后加入流水，使受精卵穿过网目沿着产卵池上通往孵化池的出水口，收集到安放在孵化池里的孵化网箱中，或收集在孵化池里，或直接在催产池中捞卵，也可以将排精产卵后的亲鱼捞起，让受精卵在原水池中孵化。

(二) 人工授精

人工授精法视雌鱼腹部膨胀程度，或用挖卵器检查而决定采卵时间。以干法进行受精。受精时，将鱼提起，迅速揩去鱼体表水分和黏液，先挤精子于干净的盆中，随后即挤入卵子，也可先挤卵子，后加精子，用鸡毛轻轻搅拌约 1 分钟，使精卵充分混合，再加入少量清洁海水，稍加搅拌后，让其静置约 15 分钟，再用清洁海水洗卵，吸除去多余的精液，然后将上浮的受精卵移入较大的容器或网箱中孵化，待发育到原肠期，取样计算受精率。

五、孵化与胚胎发育

黄鳍鲷的卵子圆形，无色透明，人工催产产出的卵，卵径760~840微米，卵内有一个直径220~230微米的油球，成熟的卵子，在水中比重1.020以上为浮性，1.012以下为沉性，在两比重之间呈悬浮状。精子头长2.50~3.25微米，尾长9.0~10.5微米。

黄鳍鲷受精卵孵化的适宜温度为18~22.8℃，其受精率可达82.5%，孵化率可达69.8%。

在水温20.5~22.6℃、比重1.024、pH值8.2的条件下，黄鳍鲷的胚胎发育过程如表4-3和图4-9所示。

表4-3　黄鳍鲷的胚胎发育

发育期	受精后时间	发育特征
受精卵		出现围卵黄周隙，隙宽0.01~0.02毫米
胚胞隆起	14分钟	原生质集中于动物极，形成帽状胚胞
2细胞	47分钟	第一次分裂
4细胞	1小时3分钟	第二次分裂
8细胞	1小时24分钟	第三次分裂
16细胞	1小时47分钟	第四次分裂
32细胞	2小时5分钟	第五次分裂
64细胞	2小时25分钟	第六次分裂
多细胞	2小时50分钟	分裂后期，细胞越分越小，形成桑椹状多细胞体
高囊胚期	4小时	胚胎分裂成高帽状，分裂细胞较大
低囊胚期	5小时7分钟	胚层变扁，分裂细胞较小
原肠初期	6小时33分钟	囊胚层细胞开始下包，出现胚环
原肠中期	9小时40分钟	囊胚层下包1/2，形成胚盾
原肠后期	11小时15分钟	囊胚层下包卵黄2/3左右
胚体形成期	12小时55分钟	囊胚基本覆盖卵黄，胚盾分2~4节
眼囊期	14小时5分钟	头部两侧出现眼囊
胚孔封闭期	14小时45分钟	胚孔封闭，克氏泡出现，胚体出现点状黑色素细胞，并伸长保围卵黄1/2

续表

发育期	受精后时间	发育特征
脊索出现期	16 小时 5 分钟	脊索出现，肌节 12 对左右，油球上出现黄色素细胞
晶体出现期	19 小时 45 分钟	视泡出现晶体，肌节 18～20 对
心脏跳动期	24 小时 45 分钟	心脏开始跳动，胚体频频颤动，胚体约包围卵黄 2/3
孵化期	30 小时 35 分钟	心脏搏动 118～119 次/分钟。肌节 27 对，仔鱼破膜而出

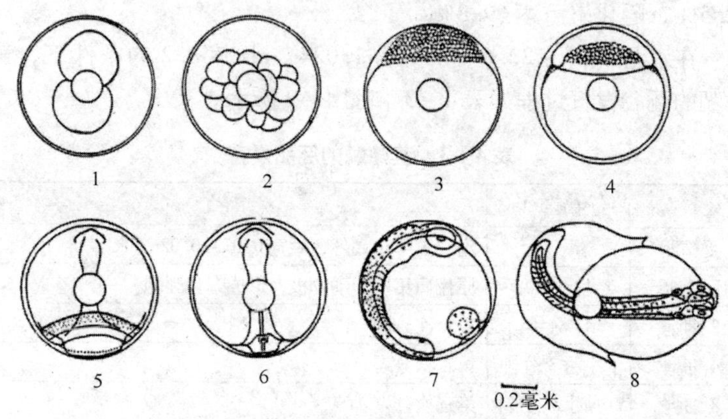

图 4－9　黄鳍鲷的胚胎发育

1. 2 细胞期；2. 16 细胞期；3. 高囊胚期；4. 原肠早期；5. 胚体形成期；6. 胚孔封闭期；7. 晶体形成期；8. 孵化

六、仔、稚、幼鱼发育（图 4－10）

初孵仔鱼全长 1. 78～1. 95 毫米，肌节 27 对。卵黄囊椭圆形，长径 0. 51～0. 85 毫米，短径 0. 5～0. 6 毫米。油球在卵黄囊中央稍后下方或紧贴卵黄囊的后端，直径 0. 23～0. 24 毫米。肛门区挨卵黄囊之后，约位于全长的 1/2 处。仔鱼头部至后腹部两侧及油球表面遍布黄、黑色素细胞。背、尾、臀鳍鳍褶相连接。仔鱼腹部朝上，倒挂或侧卧于水中。

孵出第 1 天，全长 2. 60～2. 74 毫米，卵黄囊缩小约为 1/2。

孵出第 2 天，全长 2. 83～3. 04 毫米，肛前体长为全长的 1/3。

卵黄囊缩小约为3/4，油球径缩小至0.16毫米。眼眶径0.24毫米，眼球径0.068毫米。胸鳍长0.26毫米，仔鱼活动能力增强，部分开始间断平游。

孵出第3天，全长2.90～3.20毫米。卵黄囊被吸收完毕或仅留痕迹。仔鱼开口，口裂0.1毫米，口径0.14～0.15毫米。肠胃分化较明显，直肠盘曲。心脏跳动强烈。腹腔至尾部出现树枝状黑色素细胞，眼睛呈蓝黑色。夜间仔鱼倒挂于水中，白天常聚集于池角。

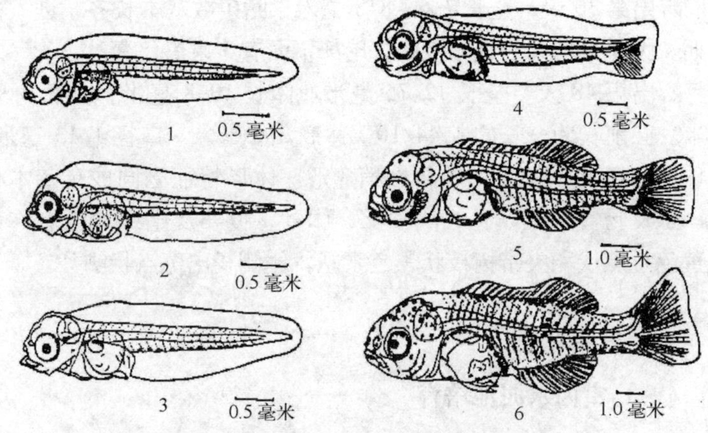

图4－10　黄鳍鲷的仔、稚鱼发育

1. 孵化后3天仔鱼；2. 孵化后5天仔鱼；3. 孵化后10天仔鱼；4. 孵化后20天仔鱼；5. 孵化后30天稚鱼；6. 孵化后48天幼鱼

孵出第5天，全长3.0～3.4毫米。油球被完全吸收。鳔出现。消化道变粗，呈浅褐色。

孵出第10天，全长3.52～4.40毫米，尾柄收缩，尾鳍鳍条长出。腹腔下部有一行分枝状黑色素细胞。

孵出第15天，全长4.25～5.50毫米，肛前长为全长的3.7/10。肌节24～25，呈“>”形。头部增大隆起。鳃出现。上下颌已长出两排牙齿。腹腔一带黑色素深。心脏跳动122次/分钟。早晨仔鱼上游水表，中午前后光线较强，一般多活动于池中央附近的水中下层，充气时逆流游向气头附近。

孵出第20天，全长4.56～6.85毫米，背、臀鳍鳍基开始长出，尾鳍呈弧形，个别仔鱼尾鳍条长至17条，分节。耳囊和鳃耙明显。腹侧至尾柄有9～17个不等的分枝状黑色素细胞，镜检可见血液循环，背腹各具两条对流着的血总管，各肌节间也有小血管。仔鱼常常疾游和碰撞池壁。黑夜对光尤为敏感。

孵出第25天，全长6.0～7.45毫米，肛前长为全长的3.89/10。鳃盖上长出6根小刺。尾鳍变成浅“Y”型。尾椎末端向上翘起，延伸至尾鳍条上方。头顶及头两端出现若干黑色素细胞。

孵出第30天，全长7.6～8.8毫米，鳍条数基本长齐，进入稚鱼期。腹部黑色素细胞分枝状，尾部下面有5束黑色素丛。

孵出第48天，全长12.75毫米。体长10.8毫米，头长2.95毫米。肛前长为全长的4.44/10。体高2.6毫米。口径1.13毫米，眼球1.0毫米，肌节24，脊椎稍弯形。体形特征已同成鱼基本相似。鳔及肠胃四周黄色，头顶部、体背、腹部及尾缘均散有许多深黄色小点状和夹带树枝状黑色素丛。体侧长出斑点状鳞片。

七、种苗培育

（一）室内水泥池培育

育苗容器采用室内水泥池（20～40立方米/个）或玻璃纤维水槽（4立方米/个）。在育苗前，须用漂白粉或高锰酸钾溶液彻底消毒、洗净，并接种小球藻和轮虫。初孵仔鱼的放养密度为10 000～15 000尾/立方米，入池后第2～3天开始加水投饵，一周后开始换水，在换水的同时，加入淡水，使池水比重由1.023～1.024逐步降低到1.018或再低一些。饵料依次使用小球藻、轮虫、卤虫无节幼体、桡足类及其无节幼体、枝角类、鱼糜等。

（二）室外土池培育

室外培苗水池面积1～3亩，水深1米左右，池底平坦，沙泥底层，排灌方便。用生石灰或漂白粉清塘除野，注水时要用80目的筛绢包扎进水口，以防野杂鱼、水母等有害生物进入池中。然后施放经发酵的有机肥料或氮肥，接种轮虫和桡足类，让其大量繁殖。初孵仔鱼经室内培育 2 ~7 天之后便可以移入室外土池，放养密度为 100 000 尾/立方米左右，仔鱼下塘后，须泼洒豆浆，每天 4 ~6 次，每亩黄豆日用量 1 000 ~1 500 克，连续洒 5 天左右，其后根据池塘中天然饵料的情况，适当补充一些无节幼体、鱼虾肉糜等或施肥。

第三节　黄鳍鲷养殖技术

一、种苗生产

目前黄鳍鲷养殖所需的种苗，大部分还是依靠海区捕捞天然鱼苗。

（一）鱼苗的采捕

捕捞黄鳍鲷幼苗要掌握好几个技术环节：

1. 生产季节

捕捞黄鳍鲷苗的季节于每年 11 月下旬至翌年 2 月下旬。初次见苗时间为 11 月中旬，旺发期为 12 月翌年 1 月，2 月下旬以后，鱼苗长大分散，只能捕到少量大苗。

2. 鱼苗规格与群体变动

每年"立冬"前，黄鳍鲷开始产卵，幼苗孵化以后成群地游向河口和内湾觅食。11 月中旬开始出现少量体长 0. 5 厘米的鱼苗，靠岸的幼苗群体越来越大，至体长 2 厘米左右时群体最大，2 月下旬后，鱼苗长至 3 厘米以上，并游向较深水海区。

3. 捕捞工具和方法

捕捞的网具主要有小拖曳网，麻布围网和缯网三种。前两种网的捕捞地点选在近海河口和内湾咸淡水交汇的浅滩，底质砂砾，盐度 14 ~15 的海区。中后期可用闸箔围海猎捕。捕捞时间选在大潮潮退潮后的平流时进行，因为这时幼苗未能随水退出，停留在浅滩容易捕捞。捕捞时两个人在两边拖网，另两个人在前面用蚶

壳绳赶苗，让苗慢慢游入网内，然后慢慢收拢网。收网时要注意防止鱼苗附网摩擦受伤，又要防止把水搅混，导致幼苗缺氧窒息死亡。捞取鱼苗时要小心，慢慢放入事先准备好的桶或网箱。缯网捕捞则要选择在涨潮时进行。

二、鱼苗的运输

要搞好黄鳍鲷苗的长途运输，提高成活率，必须做好如下几点工作：

（一）运输前鱼苗的处理

由海区捕来的鱼苗，要经过筛选，除去瘦弱和受伤的鱼苗，因为受伤的鱼苗容易感染细菌引起皮肤发炎红肿，或发生水霉病，患病后会很快蔓延，造成大量死亡。起运以前，要吊养2～3天，使鱼苗受到锻炼和排泄掉粪便，减少运输中水质的污染（图4－11）。

图4－11 黄鳍鲷鱼苗起捕

（二）掌握好运输用水

装运鱼苗的用水应与吊养池水的盐度相接近，运输途中加水也要保持盐度相对稳定。一般以1.015为宜。途中发现死鱼，应即时捞掉，以免败坏水质。

（三）装运密度

采用大木桶装运，每只大木桶装水 350 千克，可装全长 15 毫米的幼苗 50 000 ~ 60 000 尾，或 25 毫米的幼苗 30 000 ~ 40 000 尾。装运密度与水温、旅程、时间及运输技术等有关。表 4 – 4 为饶平县鱼苗场 1981—1982 年用汽车运输黄鳍鲷苗到深圳的情况。

表 4 – 4　黄鳍鲷苗运输情况

日期（月.日）	运输鱼苗数量/万尾		运输成活率（%）	鱼苗规格/毫米	运输时间/小时	每升水装苗/尾	运输过程水温/℃	起运用水比重
	起运数量	存活数量						
12 月 1 日	20	18	90	15 ~ 18	12	143	16 ~ 19	1.015
1 月 3 日	8.6	8	94	20 ~ 30	16	61	19 ~ 20	1.015
1 月 11 日	14	12.5	89	20 ~ 30	14	100	16 ~ 17	1.017
1 月 18 日	14	12	86	30 ~ 35	13	100	15 ~ 16	1.017

（四）增氧

增氧是运输途中的重要环节，可采用人工击水和机械增氧补充相结合的方法，除了人工击水，还用一台马达带动的空气压缩机不断送气，采用这种方法，经过 12 ~ 16 小时，平均成活率达 90% 以上。

（五）鱼苗运抵后，在下池之前，要测好水温、比重

水温和比重不能与运输用水相差幅度太大，否则应另找地方卸苗，或者用加水或加冰使其接近。鱼苗卸下后先稍为清洗，在池中吊养休息 1 ~ 2 小时后，进行彻底的清理掉死鱼和污物，然后计数移往放养池。

三、养殖生产

黄鳍鲷为优质鲷科鱼类，肉质鲜美，营养价值较高，口感极佳，向来被港、澳、穗、深等地市场视为高值的海鲜品种，有“海底鸡项”之称。幼苗经过驯化后可放养于淡水，是海淡水养殖

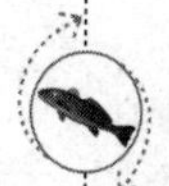

的优质鱼种之一。100 多年前，潮安、澄海等韩江下游沿岸的池塘已有混养黄鳍鲷的习惯，近 30 多年来有了新的发展，开拓了海水和半咸淡水精养。深圳、珠海、香港等地进行了网箱养殖，东莞、番禺等地则开展连片池塘养殖。在世界上一些水产业发达的国家或地区，该鱼已发展成为养殖的主要品种。

商品鱼价格一般 250 克以上 22 ~ 23 元/尾，150 ~ 200 克的价格在 30 ~ 34 元/千克，500 ~ 1 000 克的价格在 18 ~ 20 元/千克。福建地区养殖黄鳍鲷主要以在虾塘中混养为主，到了农历 7—8 月，由于养殖户清塘，大量上市，价格短时间内会下跌在 16 ~ 18 元/千克。

福建地区春节前捕捞 1 厘米左右的野生苗，暂养不久卖出价格在 0. 1 ~ 0. 2 元/尾，经过两个月以上的培育，清明前后达到 3 ~ 4 厘米出售，价格在 0. 3 ~ 0. 5 元/尾。广东地区春节前后供苗量较大，价格在 0. 1 ~ 0. 2 元/尾。

黄鳍鲷从 2 厘米的苗养到 18 个月后上市，也只有 150 ~ 250 克的规格，养 500 克的鱼，大约需要 3 年。养殖面积不算太多，是黄鳍鲷的价格能够一直保持比较稳定的重要原因，而养殖周期长、养殖投入较大，是影响养殖面积扩大的两大因素。

（一）池塘养殖技术

1. 养殖场地的建造

养殖场应选择在靠近海岸，水源充裕，不受污染，交通方便，防台风，防海潮的地方，尽量利用天然潮汐的涨落来灌水和排水，养殖场应具备良好的排灌系统，排灌分家。无潮灌能力的养殖场则应安装水泵或水车进行排灌和增氧。精养池塘一般面积为 10 ~ 15 亩，中间培育池面积为 3 ~ 5 亩，长宽比为 1∶0. 6，水深 1. 8 ~ 2. 5 米，塘基坚实不漏水，池塘的注排水闸门宽 0. 8 ~ 1 米，最大日换水量为 30%。放养前，池塘需晒塘、清塘和消毒，以杀灭野生鱼虾，装好闸门后进水，并进行施肥，培养饵料生物。

2. 养殖方式

黄鳍鲷池塘养殖可分为单品种的纯养、多品种的混养和以单养为主的搭配养殖三种方式。

（1）**单养**　每亩放养700～1 500尾，每年1—3月投放鱼苗，规格为2～5厘米，养殖周期为1年至一年半，起捕规格200克以上，投喂冰鲜下杂鱼及人工饲料，亩产一般在150～300千克（表4－5）。

表4－5　黄鳍鲷的池塘单养模式

类别	放养规格			收获				
	月份	规格/厘米	密度/（万尾/亩）	月份	规格/克	单产/（千克/亩）	饲养天数	上市率（%）
Ⅰ龄鱼	5	5～8	300～367	12月至翌年1月	115～135	373～447	210～240	90～95
Ⅱ龄鱼	12月至翌年1月	15～16	153～180	11月至翌年2月	276～325	480～520	360～390	95～98
Ⅲ龄鱼	12月至翌年1月	20～22	127～133	11月至翌年2月	400～425	533～553	360～390	95～98

（2）**多品种混养**　混养能合理使用养殖水体，最大限度地利用水域的生产力，常用的混养方式有：

①黄鳍鲷、鲻鱼、蓝子鱼混养。三种鱼混养每亩放养量分别为500～700尾（5～7厘米）、200～300尾（7～8厘米）和200～300尾（5～7厘米），养殖一年，黄鳍鲷亩产可达100～150千克。

②黄鳍鲷、金钱鱼、蓝子鱼混养。三种鱼混养每亩放养量分别为700～900尾（5～7厘米）、200～300尾（5～10厘米）和200～300尾（5～7厘米），养殖一年，黄鳍鲷亩产可达150～200千克。

③尖吻鲈、黄鳍鲷混养。每亩放养量分别为700～800尾（10～12厘米）和200～250尾（5～8厘米）。

④鲈鱼、黄鳍鲷混养。每亩放养量分别为800～1 000尾（10～12厘米）和200～250尾（5～8厘米）。

⑤笛鲷、黄鳍鲷混养。每亩放养紫红笛鲷900～1 000尾（12～14厘米）和黄鳍鲷150～200尾（5～8厘米）。

⑥卵形鲳鲹、黄鳍鲷混养。每亩放养量分别为800～900尾（10～12厘米）和150～200尾（5～8厘米）。

搭配养殖的黄鳍鲷于每年3—4月放苗，翌年2—3月收获，体重约200克，亩产为30～50千克。

（3）以单养为主的搭配养殖 这是为了利用单品种精养过程中不可避免地产生的剩余饵料，以及为调节排泄物造成的水质过肥，浮游生物大量繁生而采用的养殖方法，一般是主养一个品种，辅以搭配放养一个品种。

3. 养殖实例

（1）黄鳍鲷与鲻鱼混养试验 南海水产研究所1987—1989年对黄鳍鲷和鲻鱼进行了咸淡水混养试验研究，试验池3口，面积为8.4～9.5亩，水深1米左右。利用潮水涨落进行加换水，试验水温17.1～30.4℃，海水盐度2.5～12.0。

试验结果如表4－6所示，整个生产过程中，饲料开支约占总开支的43%，种苗开支约占总开支的26%，平均每亩获纯利1 848.95元，投入产出比为1∶1.78。

表4－6 黄鳍鲷与鲻鱼混养试验情况

混养种类	放养规格		放养密度/（尾/亩）	养殖时间/天	收获规格		成活率（%）	亩产/千克	亩纯利/元
	平体体长/厘米	平均体重/克			平均体长/厘米	平均体重/克			
黄鳍鲷	9.03	32.5	409	244	17.8	164.5	98.0	65.6	1 848.95
鲻鱼	15.4	58.5	310	323	27.1	310.5	80.1	81.2	

（2）广州龙穴岛黄鳍鲷的连片高产养殖 在广州番禺区养殖黄鳍鲷已有30多年历史，主要养殖区是龙穴岛、鸡抱沙、新垦、万顷沙等地的咸潮区，其中龙穴岛养得最好及产量最多。龙穴岛位于珠江出水口，是一个约5平方千米的小岛，全岛养黄鳍鲷2 400亩。多年来黄鳍鲷的池塘交货价稳定在40～44元/千克，每

亩产量600～1 000千克，纯利为1万元/亩。每户农户基本配备2台发电机组、增氧机、水泵等渔业机械。从开始使用鱼浆、配合饲料，过渡到全部使用膨化浮性商品饲料。

鱼种来源主要是海边捕捞的鱼苗，鱼种规格为体长1.5～3厘米，价格一般300～1 500元/万尾。每亩用石灰150千克或茶籽50千克清塘，清塘后3天，亩放粪肥等基肥50千克，清塘后10～15天放养鱼种。每亩放鱼苗3万～15万尾，养殖时间120～180天，养至体长6～8厘米。投喂饲料按鱼体重的3%～5%投放。一天喂2次，上午7—8时、下午3—4时各1次。喂前先敲击木盘等器具，使鱼养成闻声前来争食的习惯。开始时投喂0号粉料，逐渐从1号料喂至3号料。根据水质水色，每7～10天冲注新水一次，每15天定期防治鱼病一次，定期开增氧机增氧。

黄鳍鲷的成鱼养殖：

清毒塘　每亩放石灰150千克或茶籽50千克毒塘，毒塘后10～15天放养鱼种。

放养鱼种　每亩放体长6～8厘米的鱼种3 000～6 000尾，混养鳙鱼30尾，有的养鱼户每亩混养小规格鲻鱼100尾。

饲养管理　①投喂饲料。每天投喂饲料2次，上午7—8时、下午3—4时各喂1次，有的一天喂3次，主要投喂5号膨化浮水料。投喂量按鱼体重的1%～3%投喂，投喂历时2小时左右，直喂至鱼不积极争食止。②定期冲注新水。每7～10天冲注新水一次，每次加水15厘米左右，保持水质清新。③适时开增氧机。黄鳍鲷需氧量较高，鱼严重浮头后不易存活，损失也严重。因此，及时开增氧机是养殖成败的关键。养鱼者每晚一般每1～2小时检查鱼浮头情况一次，一年四季天天如此，夏季时应半小时检查一次。鱼一浮头就立即启动发动机，开动增氧机。若万一发电机坏了，则需要准备有后备发电机。

经过250～280天的养殖，当鱼体重达到200～250克即可起捕上市，捕大留小。最后，把未达上市规格的并塘，继续养至上市规格，全部清塘（图4－12），准备下次的养殖。

图 4－12 池塘养殖黄鳍鲷收获

(3) 东莞市于 1994—1997 年间在长安镇和虎门镇开展黄鳍鲷的成鱼单养和混养 4 个养殖场总面积有 4 320 亩，位于河口近岸，均为土池，纳水盐度变幅 0. 2～21，pH 值 6. 8～7. 8。鱼种来源为沿海天然采捕捞的鱼苗，规格为体长 1. 5～2. 5 厘米，采捕后的鱼苗经短期暂养，暂养后的鱼苗经中间培育养成鱼种。培育方法有池内定置网箱、网围及小土池。网箱、网围放养规格 1. 5～2. 5 厘米，鱼苗 300～350 尾/平方米，经 15～20 天养成规格 2. 5～4 厘米，分疏转入小土池，放养量改为 30～40 尾/平方米，经 60～90 天养成 5～8 厘米。中间培育包括驯养和人工诱食两个过程。驯养主要是从适应野生开敞式，转变为人工围隔式环境，淡化过程一般的盐度骤变值不宜超过 5，诱食是使原来以掠食桡足类、枝角类、活鱼虾等饵料，改变为摄食人工投喂的鱼、贝肉糜或人工配合饲料。种苗经过中间培育，可选别规格，按池塘的最佳载鱼量标准，采用不同的放养密度，转入成鱼池进行单养或混养。而后，尚可逐年分疏转池，饲养更大规格的Ⅱ、Ⅲ周龄鱼。投喂的饲料一是低值冰鲜杂鱼虾、小贝类；二是人工配合浮性颗粒料；日投饲量分别为鱼体总重的 8%～10% 和 3%～4%。养殖期间要勤换水，科学使用增氧机，使池水溶氧经常维持在 7 毫克/升，不低于 4 毫克/升，要使池塘水色以微绿色为好；确保饲料质量、定点、定量投喂，定期进行水体消毒，防治鱼病。

大面积养殖结果：用冰鲜或急冻小杂鱼作为饲料源，饲料系数为8～10，采用浮性颗粒料，饲料系数为2.5～2.7。单养平均每亩年单产487千克，产值24 333元/(亩·年)，总成本包括苗种、饲料费、池塘租金、人工、水电费、资产折旧和投资利息等274 115元/(亩·年)。纯赢利90 885元/(亩·年)，投入产出比为1∶1.33。依池塘单养模式及上述产值和总成本，结合不同饲养规格的市售单价，200克为45元/千克，300克为55元/千克，400克为65元/千克，计算出单养Ⅰ、Ⅱ、Ⅲ和0～Ⅱ、0～Ⅲ龄鱼投入产出比分别为1∶1.07、1∶1.57、1∶1.28、1∶1.28和1∶1.81。

（二）网箱养殖技术

1. 放养密度

放养鱼苗规格要整齐，以避免相互残杀，一般在标粗阶段，每个网箱可放养2 000尾，经过1～2个月后，放养密度减至1 000尾，当体长长到3～5厘米时，调整密度为200～500尾，在养成阶段，保持8～10千克/立方米。在海区环境较好，管理水平较高的条件下，最大放养密度可达20千克/立方米。

2. 饵料

主要投喂低价新鲜小杂鱼，除外还可搭配植物性饲料混合使用。

3. 饲养管理

鱼苗投进网箱之后，饲养管理工作主要有如下几个方面：

（1）定时投喂饲料　刚进网箱的鱼苗，若鱼体健壮活泼，第二天便可投喂饲料。若鱼苗因机械损伤或严重感染上疾病，则需采取治疗措施，经2～3天后才投喂饲料，饲料块状，大小因鱼体而定。投喂次数：3—10月每天投喂2次，11月至翌年2月，每2～3天投喂1次，宜在早晚进行，投喂量为鱼体重的5%～10%。

（2）故障检查　要经常检查网箱有无损坏、破裂，注意防止网破鱼逃。在台风季节里，要加固缆绳，覆盖网箱，必要时将鱼排拖到避风的海区。

（3）定期更换网箱　一般从幼鱼养至成鱼，需更换3次网箱：在

鱼种阶段，网目为0.5厘米，体重30~50克时，网目为1厘米，体重达51~150克时，网目为2.5厘米。150克以上时，网目为3.75厘米。

(4) 清理附着物 网箱和浮子在海水中浸泡时间长了，会不断附着贝类、藻类等生物，堵塞网目，影响水流，应定期更换清洗。一般2个月清理一次，宜在风平浪静的天气进行。冬季水温低，应避免惊动鱼，不宜更换。另外，还可混养少量蓝子鱼，以使其摄食部分藻类生物。

4. 养殖实例

(1) 福建省农科院1995年9月18日至12月3日在霞浦市东吾洋养殖区采用3米×3米×3米的网箱试验养殖黄鳍鲷，试验鱼种为野生的黄鳍鲷，平均体重为175克，用蛋白质含量分别为45%、40%、35%的高、中、低3种水平的硬颗粒配合饲料（直径为4毫米、长度为8毫米）作为试验组，鲜活饵料（主要是冰冻的鲹科鱼类）作为对照组。历时77天，试验期间水温16~26℃，盐度31.9，定期洗网换箱，按常规进行鱼病防治工作。日投饵2次，并根据天气、水质状况及鱼体日增重和摄食强度调整投饵量。结果表明：对于体重为150~300克的黄鳍鲷宜采用蛋白质为40%、动植物蛋白比例为（1.5~2.0）:1的配合饲料，饲料系数为1.86:1，与对照组相比，黄鳍鲷的相对群体日增重率提高10.7%，每生产1千克商品鱼饲料成本降低3.7元，生物学综合评价值提高15%（表4-7）。

(2) 广西钦州市龙门港一网箱养殖户使用3口体积为6.4立方米的网箱试验养殖黄鳍鲷。试验网箱设在渔排的四周，装设遮光盖和投饲框。每一试验网箱四周与其他网箱至少有一个网箱的距离以利水体交换。试验鱼种为野生的黄鳍鲷，平均体重为89克，在3口试验网箱的放养密度约为1 000尾/网箱（156尾/立方米）。投喂海水鱼膨化浮性成鱼饲料，采用饱食投饲法每日投喂2次。试验期间每月的同一天采样一次以监测鱼的生长表现。试验结果：黄鳍鲷试验从2002年7月8日开始至11月3日结束，共114天。在试验的最后两个月黄鳍鲷的生长最低。在试验期内黄鳍鲷由89克长至159克，平均饲料系数为8.7，平均成活率为85.5%。

表 4-7　黄鳍鲷配合饲料的饲养试验结果

组别	平均体重/克		尾数		成活率（%）	尾净增重/克	尾平均日增重/克	组净增重/克	总投饲量/千克	饲料系数	饲料单价/（元/千克）	单位增重饲料成本/（元/千克）	群体日增重率（%）	日投饵率（%）	生物学综合评定值（%）
	始	终	始	终											
1	187	297	371	371	100.0	110	1.4	40.81	82.45	2.02	4.19	8.46	0.60	1.22	110
2	148	250	500	478	95.6	102	1.3	48.78	90.75	1.86	3.56	7.37	0.62	1.25	115
3	183	267	402	396	98.5	84	1.1	33.26	79.65	2.39	3.40	8.13	0.47	1.17	95
4	190	292	402	401	99.8	102	1.3	40.90	283.10	6.92	1.60	11.07	0.56	3.86	100

（三）鲜鱼的运输方法

起水的黄鳍鲷从池塘运到船上，经过秤、冲水，冲去鱼体黏液等污物后，立即用冰块急冰，运至香港、广州、深圳等城市销售，保持商品鱼的鲜活品质。

第四节 黄鳍鲷病害防治技术

一、黄鳍鲷的常见病

1. 突眼症

病原：由细菌性感染引起。

症状：发病初期，体表无损伤，也无异常现象，但眼球变白混浊，瞳孔放大，后水晶充血突出，随着病情发展，眼球脱落。

流行季节：主要发生于6—10 月。

2. 体表溃烂病

病原：由一种弧菌感染引起。

症状：鳍条等发病部位产生黏液，充血，鳍条发红和散开，随着病情发展，患部溃烂，表皮脱落，出血，严重者肌肉外露，不摄食，多在水面晃游。

流行季节：主要发生于10 月至翌年5 月。

3. 锚头蚤病

病原：由锚头蚤寄生引起。

症状：病原体主要寄生于鳃部和头部，有时体表两侧也有发现。

流行季节：每年10 月至翌年4 月发病较严重。

4. 巴斯德氏菌病

病原：由巴斯德氏菌感染引起。

症状：病鱼沉卧箱底。肛门附近红肿突出，消化道内膜充血，并有黄色黏液，肝脏有许多白点，病发不久即死亡。

流行季节：主要发生在8—10月水温较高时期。

二、常用药物和防治措施

1. 外用消炎药物

高锰酸钾：8～10毫克/升，浸泡3～5分钟，防治体表溃烂病。

漂白粉：3～5毫克/升，浸泡3～5分钟，防治细菌性病。

硫酸铜：20～30毫克/升，浸泡15～20分钟，防治蠕虫病。

2. 内服药物和一般使用剂量

土霉素：25～30毫克/千克，每2～3天投喂一次，疗程7～9天，对防治各种细菌性疾病有效。

四环素和金霉素：30～40毫克/千克，疗程7天，可防治各种细菌性疾病。

第五章　美国红鱼养殖技术

内容提要： 美国红鱼的生物学特性；美国红鱼人工繁殖和育苗；美国红鱼养殖技术；美国红鱼病害防治技术。

美国红鱼，学名为眼斑拟石首鱼 *Sciaenops ocellatus*（图5－1），为鲈形目、石首鱼科、拟石首鱼属。俗称红鼓、红鱼、红姑鱼、斑尾鲈、海峡鲈，又称黑斑红鲈、红拟石首鱼、大西洋红鲈，一般都叫美国红鱼。英文名：Red drum，Red fish，Speckled trout。

图5－1　美国红鱼 *Sciaenops ocellatus*

第一节　美国红鱼的生物学特性

一、地理分布与栖息环境

美国红鱼原产墨西哥湾和美国西南部沿海。为暖水性、广温、广盐、溯河性鱼类。美国红鱼在自然界中生长于咸水洼地，北自美国的马萨诸塞州南至墨西哥的维拉库鲁日，均有商业性捕捞。但90%的产量来自墨西哥湾，其中3/4为得克萨斯州及佛罗里达州。

二、形态特征

美国红鱼体呈纺锤形，侧扁，与大黄鱼、黄姑鱼、白姑鱼相似，背部略微隆起，以背鳍起点处最高。头中等大。口裂较大，呈端位。齿细小，紧密排列，较尖锐。鼻孔 2 对，后 1 对呈椭圆形，略大。眼上侧位，后缘与口裂末端平齐，中等大小，位于头的两侧。前鳃盖后缘如锯齿状，后鳃盖边缘有 2 个尖锐的突起。

背鳍位于身体的背部，2 个，具 4～5 棘，21～23 枚鳍条，胸鳍 1 对，每个鳍具有 12 枚鳍条；腹鳍位于腹侧，1 对，每个鳍具有 1 枚棘和 5 枚鳍条，臀鳍 1 个，位于肛门后面附近，具有 8 枚鳍条；尾鳍长在身体的后端，尾正尾型，仔鱼为圆形，幼鱼为截形，成鱼为凹形，尾鳍具有 17 枚鳍条。

栉鳞，侧线明显，侧线鳞为 46～51，侧线上鳞 6；侧线下鳞 8。

背部呈浅黑色，鳞片有银色光泽，腹部中部白色，两侧呈粉红色，尾鳍呈黑色，尾鳍基部侧线上方有一黑色圆斑。腹部中部两侧的粉红色是红鱼的名称由来，尾鳍基部的黑色圆斑是红鱼外形最明显的特征。可能由于杂交的原因，有些个体在体侧后上方有 2～5 个大小不等、近似圆形的黑色圆斑。

全长为体高的 2.65～2.7 倍，体长为体高的 2.0～2.1 倍，尾柄长为尾柄高的 1.8～1.9 倍。

三、生活习性

美国红鱼喜欢集群，游泳迅速，洄游习性明显。红鱼于早秋从水域深处游向浅海和河口，并在那里繁衍后代。这时经常能在河口或防波堤水口见到大群亲鱼。野生美国红鱼在美国得克萨斯州近岸水域一直栖息到 12 月或翌年 1 月，然后随着水温的下降转移到深水水域。

美国红鱼为近海广温、广盐性鱼类。繁殖季节栖息在浅海水域。野外水域生存水温为 2～33℃，其生活适宜水温为 10～30℃，最适生活水温为 18～25℃，最适宜生长水温为 20～30℃，繁殖最

佳水温为25℃，仔稚鱼适温为22～30℃。对低温的忍耐力，还受盐度、pH值的影响。突然降低水温，有时会引起美国红鱼的大量死亡，0.5～1厘米的鱼苗，在盐度5的水中致死低温为6.9℃；0.5～7.4克的鱼种，在水温为4℃的低温下，有较好的越冬成活率（22.7%～85.3%，平均57.5%）；野生1～3龄红鱼，当水温降至3℃时，仅有少部分鱼死亡。

美国红鱼的幼鱼和成鱼是广盐性的，可以生存于淡水、半咸水及海水中，卵和仔鱼只能生活在盐度25～32的海水中。

要求溶氧量大于3.0毫克/升，当溶解氧含量小于2.0毫克/升时，可能会引起浮头。幼鱼的窒息点为0.79～0.38毫克/升。耐低氧的能力，在海水中较在半咸水、淡水中强。

四、食性与生长

（一）食性

美国红鱼为偏肉食性杂食鱼类，而且食物链环节较高。在自然水域中，主要摄食甲壳类、头足类、小鱼等。在人工养殖的条件下，也摄食配合饲料，而投喂浮性配合饲料最好。

美国红鱼的食量大，消化速度快。摄食能力强，一般个体的最大摄食量可达体重的40%。在人工饲养的条件下，饲食后饵料在消化道停留不长的时间，若再投喂仍然争抢凶猛，尤其是稚幼鱼有连续摄食的现象。如饲料不足，自相残杀的现象比较严重。但体长超过3厘米后，自相残杀现象有所缓解。

（二）生长

美国红鱼的生长速度很快，在原产地，当年的个体可达500～1 000克，最大个体甚至可达3 000克。在人工养殖的条件下，我国南方养殖1年可达1 000克，北方地区养殖1年可长到500克左右。相同年龄的雌鱼比雄鱼大，在自然水域中发现的最大雌性个体重42千克，而雄鱼只有14千克。美国红鱼寿命在13龄以上，最长的有可能达33龄。此鱼在10℃以下停止生长，20℃以上生长快速，日增重3.4克以上。

五、繁殖习性

在自然水域中，雄性红鱼 3 龄性成熟，雌鱼 4 龄成熟。在蓄养条件下，雄性 4 龄性成熟、雌性 5 龄性成熟。因此，人工繁殖选择亲鱼，应挑选 4 龄以上的雄鱼和 5 龄以上的雌鱼，才能保证繁殖成功。在自然水域中，繁殖期为夏末至秋季，盛期 9—10 月，成熟的亲鱼聚集于近岸浅水水域繁殖，此时繁殖场水温高于 20℃，盐度 26 ~ 30，一年繁殖一次。美国红鱼怀卵量大，一般每次产卵量 5 万 ~ 200 万粒，多者可达 300 万粒以上。卵的发育不同步，分批成熟分批产卵，每次产卵间隔时间为 10 ~ 15 天，每次产卵可持续一段时间，有时可达 2 ~ 3 天。产卵时间主要在夜间至凌晨 3—4 时。产卵时，雌雄鱼有追逐现象，雌鱼体色开始变深，呈黑褐色，胸鳍颜色变浅，雄鱼侧线上方变深而鲜艳，呈红棕色，并时常发出“咕咕”声，雌鱼腹部柔软膨大并发红。

六、肌肉营养成分

粗蛋白的测定为凯氏定氮法（GB/T 5009. 5—1985），采用瑞典 TECATOR 公司 1030 型蛋白自动分析仪；粗脂肪测定为索氏脂肪抽提法（GB/T 5009 . 6—1985），采用瑞典 TECATOR 公司 90TECSYSYEMHY6 型脂肪提取仪；粗灰分测定为箱式电阻炉 550℃灼烧法（GB/T 5009. 4—1985）；水分的测定为 105℃烘干恒重法（GB/T 5009. 3—1985）；氨基酸的测定为盐酸水解法（GB/T 196. 3—1994），采用日立 835 – 50 型氨基酸自动分析仪。

测定结果：水分 78. 23%，粗蛋白 19. 1%，粗脂肪 0. 6%，灰分 1. 24%。氨基酸分析结果如表 5 – 1 所示。

表 5 – 1 美国红鱼肌肉的氨基酸组成 单位：%

氨基酸	百分比	氨基酸	百分比
天门冬氨酸	8. 47	丝氨酸	3. 89
苏氨酸	3. 89	谷氨酸	15. 05

续表

氨基酸	百分比	氨基酸	百分比
甘氨酸	4.79	酪氨酸	2.95
丙氨酸	5.94	苯丙氨酸	4.00
缬氨酸	9.42	赖氨酸	7.52
甲硫氨酸	0	组氨酸	1.63
半胱氨酸	0	精氨酸	5.16
异亮氨酸	3.21	脯氨酸	1.84
亮氨酸	7.47		

第二节　美国红鱼人工繁殖和育苗

一、亲鱼的采集与运输

美国红鱼亲鱼在美国主要是利用海区自然种群，在我国主要用池塘或网箱养殖，捕捞方式主要用钓捕拉网捕捞。亲鱼在起运之前要有一定的时间进行驯化，使之适应桶内生活，短途运输（5小时以内）进行充气即可，长途运输要加冰，使水温保持在21℃左右。转移水体中可加入抗生素以减低细菌感染的危险。

二、亲鱼的选择和培育

要选择无受伤、健壮，检疫无病害，体长大于75厘米以上(图5-2)、成熟度较好的亲鱼，并对雌雄鱼做鉴定和标志。雄鱼的性成熟往往先于雌性，这也是性成熟的一个较好的标志。在肛门前腹部位置轻压，可使成熟雄鱼从输尿管泄出精液，有时是带水透明，有时无水白色。雌鱼在未成熟时常用卵巢活体组织检查，方法是用一支连有塑料管的注射器插入输卵管，吸取少许卵巢组织样品，用显微镜检查性成熟率和性别。临近产卵的雌鱼腹部膨大，卵巢轮廓明显。雌雄鱼比例（1~2）:1。

亲鱼入池后，需进行强化培育。海水经砂滤，每天换水1次，

图 5－2　人工培育的美国红鱼亲鱼

换水量 100%～150%，吸污 1 次，每隔 15～20 天倒池 1 次。换水温差不宜过大，日温差不超过 0.5℃。投喂优质饵料，以乌贼、鹰爪虾为主，辅以沙丁鱼、玉筋鱼、黄鲫鱼等，每天投喂 2 次，日投喂量为鱼体重的 3%～5%，并视摄食情况酌情增减。

三、性腺发育和成熟

美国红鱼的性腺成熟分为 6 期。

Ⅰ期　性腺正在发育中的未成熟鱼，能分辨出性别。卵巢呈橘黄色，表面具有清晰可见的血管。中部断面略呈圆形，末端稍细，肉眼分不清卵粒，卵巢占体腔的空间较少。精巢扁平，呈灰白色，稍透明为薄带形。

Ⅱ期　性腺正在成熟中的鱼，或产卵后处于休止状态的鱼。雌鱼的卵巢增大，较高龄鱼的卵巢最大直径大于 2 厘米。肉眼可辨别出卵粒，产卵后处于休止状态的鱼，卵巢松软，饱满度小，卵巢膜较厚。精巢较Ⅰ期发达，厚度增加，整个不透明，呈灰白色。

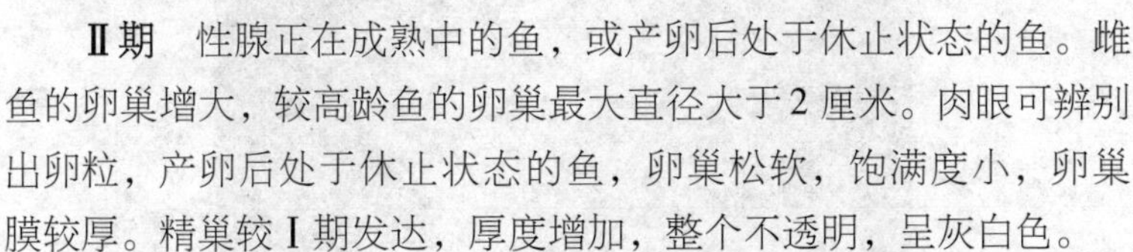

Ⅲ期　卵巢中等大小，呈圆筒状，长度占体腔的 2/3 以上。卵粒相互黏结成圆块状，尚不分离，卵径大于 0.5 毫米。精巢中等大小，约占体腔长度的 1/2～1/3，挤压时还无法挤出精液。

Ⅳ期　卵巢体积较前期增大，几乎充满整个体腔。卵粒能分

离，卵径为0.7~0.9毫米。精巢呈白色，轻压腹部时可挤出精液。

Ⅴ期 从卵巢的表面观察，可看见到大量的透明卵，并有许多脱离组织的游离卵。挤压腹部，可流出卵粒。精巢呈乳白色，轻压腹部，便有大量牛奶状的精液流出。

Ⅵ期 雌鱼已排卵，卵巢变松弛，充血，卵巢内仍残存少量卵粒。雄鱼排精后，精巢变松软，若用力挤压腹部，仍可挤出一些精液。

四、催产与产卵

（一）催产

产卵季节所捕亲鱼大多数可用于激素诱导挤卵，但注射激素之前需检查生殖腺发育情况。对于雄性，可在鱼的两侧和腹部施压，挤出精液以检查精子的生成，通常不注射激素。对于雌性亲鱼可用一根1~2毫米直径的细管插入输卵管，便可得到卵巢内的活体组织样品（图5-3），以用于显微镜检查。成熟的卵呈现灰黄色，卵径不小于0.5毫米，即性腺达Ⅳ期或Ⅳ期末的亲鱼。按雌雄1:1的比例选出亲鱼，用MS-222麻醉剂，以122毫克/升的剂量进行

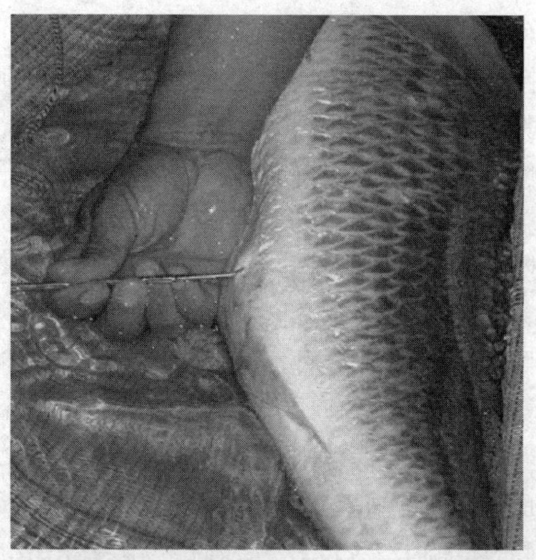

图5-3 用掏卵器采集美国红鱼亲鱼卵巢内的活体组织样品

麻醉。进行激素肌肉注射，每千克雌鱼一次性注射绒毛膜促性腺激素（HCG）500～600 国际单位或促黄体素释放激素类似物（LRH－A）150 微克。雄鱼若需催产，其剂量减半。注射后放入产卵池配对。

（二）产卵

待产的亲鱼应放入产卵池中，用布帘遮光，适当充气，保持清新水质，定时流水刺激，一般在25℃下24～30 小时之内便能诱导排卵，成熟好的，产卵快。在亲鱼产卵过程中，需严格保持产卵池的安静环境，并随时观察亲鱼的活动情况。在产卵前3～4 小时，近傍晚时开始求偶追逐，日落前1 小时，雄鱼开始活泼，雌鱼绕池边游动，雄鱼追逐并触碰雌鱼，此时开始排卵排精，卵可由一尾或数尾的雄鱼排出的精子受精。如果不能顺利自然产卵，则进行人工授精。常用半干法授精，将卵和精液放入同一容器内，用羽毛柔和地搅拌，加入一定量洁净海水（盐度28～32），洗卵1～2 次后停止充气几分钟，活卵会漂在水面，而死卵则沉底，用虹吸法去除死卵。将活卵移入孵化器中孵化，全过程最好在1 小时内完成。

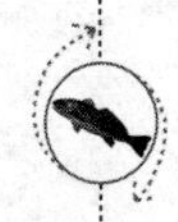

光周期温度控制促产。美国红鱼在光照9～16 小时、水温17～30℃的条件下，能完成其性成熟和产卵周期。人工控制培育亲鱼一年可繁殖2～3 次，甚至常年产卵，繁殖周期已可压缩至150 天、120 天和90 天，并能使19.5 月龄的美国红鱼性腺成熟。实施光温控制的最佳时期为冬季，首先让亲鱼处于冬季光温条件17℃、9 小时光照下，然后逐渐调整水温和光照，变化较小，经40 天调至春季光、温条件14 小时光照、28℃，再经30 天调至夏季光、温条件16 小时光照、30℃，再经30 天调至秋季光、温条件12 小时光照、25℃，最终经20 天调至产卵条件10 小时光照、23℃，10 天后便可产卵。由于种群间的差异，有些亲鱼需要在22～28℃调整一段时间，每天升温或降温1℃，直到产卵开始。在夏季光温条件下，多停留些时间可延缓产卵。若想停止产卵可迅速降温到21℃，然后用大约30 天将亲鱼恢复至冬季停滞期。采取

上述控制措施，一年可繁殖多次，每次可反复产卵很长时间。如雌鱼每天都产卵，应让其产卵3～4天后停产几天，将水温再升至25～26℃可再次产卵。一般连产2～3个月后，恢复1～2个月又可产卵。

五、孵化

孵化在专用孵化器、孵化网箱或水泥池中进行。孵化条件为，专用孵化器孵化密度小于50万粒/立方米，水泥池小于10万粒/立方米，溶氧大于3毫克/升，盐度28～35，水温22～30℃，氨氮小于0.5毫克/升。孵化过程要微弱充氧，及时将沉入水底的死卵取出，以防败坏水质，保持温度及盐度的稳定。盐度对孵化率影响很大，高盐和低盐对孵化率及初孵仔鱼生长不利。在适温范围内，孵化时间与温度成反比。一般在水温25～27℃、盐度28～30的条件下，24小时后即可孵出，受精卵和孵化率大于90%。

受精卵为非黏性、圆形、浮性卵。过熟的卵及死的卵，则沉入水底。卵膜薄且表面光滑，无色透明。卵受精后受精膜举起，出现较小的卵周隙，卵周隙约为卵径的1%。卵黄匀细，卵径0.86～0.98毫米，平均0.94毫米。一般情况下，90%以上的卵含有1个透亮的油球，少数含有2个以上油球，油球直径0.24～0.30毫米，平均为0.26毫米。

美国红鱼的受精卵为端黄卵，卵黄含量多呈极性分布。在水温24.3～23℃、盐度35.7的条件下，受精后10分钟，原生质流向动物极而逐渐隆起形成胚盘，位于植物极的油球朝上，动物极的胚盘朝下。当盐度大于20时，受精卵漂浮于水面。受精卵行盘状卵裂，受精后约20～30分钟，胚盘部分分裂成2个等大的细胞；受精后50分钟，第二次分裂完成，分裂沟与第一次垂直，将胚盘分裂成4个细胞；1小时15分钟后变为8细胞；1小时35分钟进入16细胞期；1小时45分钟进入32细胞期；之后胚盘继续分裂，细胞数目不断增多，分裂球变小，侧面观细胞呈多层排列，大约2小时10分钟后进入桑椹期，形成多细胞胚盘；3小时

40 分钟胚盘逐渐凸起呈高帽状，在胚盘与卵黄间形成裂缝状的囊胚腔，进入高囊胚期；5 小时 30 分钟后随着细胞不断地下包，囊胚层覆盖在卵黄上，细胞间隙模糊，进入低囊胚期，胚盘变成扁平，紧贴在卵黄囊上；6 小时后胚胎发育至原肠早期，囊胚层细胞从四周向植物极扩展，下包，边缘细胞在下包时内卷形成胚环。胚盘继续下包至卵黄囊一半后，胚环细胞集中增厚形成胚盾；大约 11 小时，囊胚层下包卵黄 2/3 时，胚盾延伸形成雏形胚体，胚盘下包卵黄 4/5 时胚体头部更加明显。多数受精卵发育至 12 小时 30 分钟后，在头的前端形成肾形眼囊，脊索神经清晰可见；大约 13 小时 30 分钟后，所有受精卵的油球只有一个，眼囊明显，胚体后端出现一椭圆形的克氏泡，脑部开始分化；受精 14 小时 30 分钟后体节形成，在胚体的背侧表面稀疏地覆有星状黑色素细胞，胚体延长绕卵黄 1/2；18 小时后黑色素细胞增多，在油球上也有分布，脑后耳囊形成，视泡里的眼球晶状体明显，克氏泡消失；受精 20 小时胚体绕卵黄 3/5 多，尾部末端脱离卵黄囊，尾部拉长向腹部变曲，尾端有少许皮褶状膜鳍，进入尾芽期，脑部已经分化为前、中、后脑三部分，心脏跳动；大约 25 小时后胚体卵膜变薄，尾部活动频繁，在胚体后部分 2/3 处出现了已适当发育的鳍褶，胚体不断扭动，肌肉收缩明显，体节 25 对，进入孵出前期，尾部频繁与卵黄囊接触，然后尾部冲破卵膜，继而整个胚体破膜孵出。从受精卵到孵出仔鱼，整个过程大约 26 小时完成（表 5－2，图 5－4）。

表 5－2　美国红鱼胚胎发育进程

发育时期	受精后时间
胚盘隆起	10 分钟
2 细胞期	20～30 分钟
4 细胞期	50 分钟
8 细胞期	1 小时 15 分钟
16 细胞期	1 小时 35 分钟

续表

发育时期	受精后时间
32 细胞期	1 小时 45 分钟
高囊胚期	3 小时 40 分钟
低囊胚期	5 小时 30 分钟
原肠初期	6 小时
囊胚层下包卵黄 2/3	11 小时
眼囊期	12 小时 30 分钟
克氏泡出现，脑分化	13 小时 30 分钟
胚体绕卵黄 1/2	14 小时 30 分钟
耳囊形成、克氏泡消失	18 小时
尾芽期	20 小时
体节 25 对，鳍褶出现	25 小时
孵化出膜期	26 小时

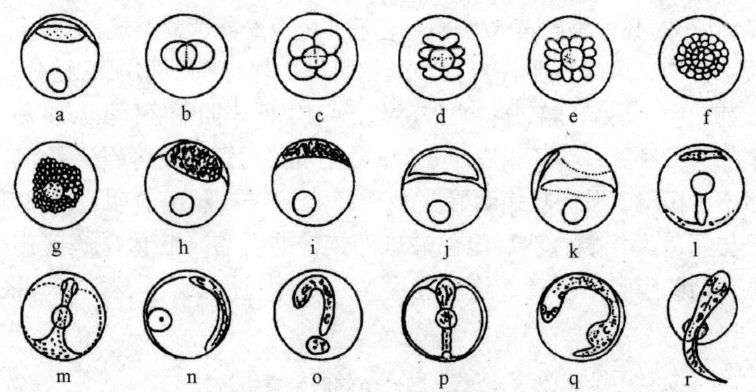

图 5－4　美国红鱼受精卵的孵化过程

a. 受精卵；b. **2** 细胞；c. **4** 细胞；d. **8** 细胞；e. **16** 细胞；f. **32** 细胞；g. 多细胞；h. 高囊胚期；i. 低囊胚期；j. 胚环出现；k. 胚盾出现；i. 胚体形成；m. 眼囊形成；n. 克氏泡出现；o. 胚体延长；P. 晶状体明显；q. 尾芽期；r. 破膜孵出

六、仔、稚、幼鱼发育

美国红鱼仔、稚、幼鱼发育过程中的主要形态与生态习性如

表 5－3 所示。

表 5－3　美国红鱼仔、稚、幼鱼的主要形态特征与生态习性

孵后时间	平均体长/毫米	主要形态特征与生态习性
初孵仔鱼	1.73	半透明状，卵黄囊占身体长度的1/2，内有油球一个，鳍褶狭小呈口芽状。平时头朝下悬浮于水中，有时摆动身体做间隙性窜游
1 日龄仔鱼	2.36	仔鱼游动能力加强，反应敏感，卵黄囊和油球所剩无几，口器开始发育，肛门开口于体外，胃、肝脏明显可见
2 日龄仔鱼	2.40	仔鱼已能在水表层平游，牙齿出现，开口摄食轮虫
3 日龄仔鱼	2.50	仔鱼依靠芽状胸鳍和尾部的摆动，在水中平游自如，能主动搜捕食物。气囊发育日趋完善
6 日龄仔鱼	3.20	臀鳍开始发育，脊索开始弯曲，体色加深，具趋光性
8 日龄仔鱼	3.80	背鳍原基出现，尾鳍的鳍条明显可见，仔鱼白天多分布于水体的中下层
11 日龄仔鱼	4.60	有 6 个尾下骨、9 个背鳍棘和 8 个腹鳍棘，鳃盖骨前、后缘出现刺，在肠胃的上部鱼鳔形成
17 日龄仔鱼	10.00	多数仔鱼鳍条、棘分化明显，胃肠已分化，仔鱼运动能力更强
19 日龄稚鱼	>10.00	鳞片开始发育，胸鳍分化形成，进入稚鱼发育阶段。白天有明显的集群行为，具趋光性，多分布于水体的中上层。能摄食卤虫幼体、桡足类、枝角类、鱼糜等
26 日龄稚鱼	20.00	完整的成年型鱼鳞开始发育，进入幼鱼发育阶段
26 日龄以上幼鱼	25.00	成鱼鳞片形成，鱼苗间互残现象出现，并出现附壁现象。此时的幼鱼摄食凶猛而迅速，摄食量大增

七、种苗培育

（一）室内水泥池培育

1. 培育条件

室内水泥池，容积 20～60 吨的方形、圆形池均可，池深 1.5

米，培育池中每5立方米水体放置1个充气石，并保持微充气，保持水温25～30℃，盐度25～30。

2. 饵料

充足、适口、营养全面，是幼体饵料的必需条件，美国红鱼苗对饵料没有严格的选择性，整个培育过程实行饵料交叉投喂，适应期进行食性转换和饵料过渡。小球藻和光合细菌在育苗水体中除了改善生态环境外，还可作为轮虫、卤虫饵料及仔鱼的开口饵料，更重要的是可以防抑疾病。

由于卤虫卵较为昂贵，致使育苗成本升高，鱼糜的成本尽管低廉，但对水质污染严重，易引起细菌大量繁殖而导致鱼苗发病。近年采用微囊颗粒饲料或天然水域中的桡足类、糠虾替代。投喂微囊颗粒饲料，需在鱼苗发育进入稚鱼阶段至完成分池后进行饲料驯化。方法是上午投喂前先停止充气，数分钟后，待稚鱼绝大部分浮于水面游动觅食时，将1号微囊颗粒饲料均匀地撒于水面，1号微囊颗饲料的粒度小，能在水面飘浮一段时间，有利于诱导稚鱼捕食。一般每隔1～2小时进行一次，投饵量少而匀，尽量减少浪费。在开始的3～4天，需在下午补充投喂适量的卤虫无节幼体，以后可全部投喂微囊颗粒饲料。2～3天后，待每次投喂时有80%～90%以上的鱼苗达到全饱后，饲料驯化即告完成。各期苗种适宜的饵料型号、粒度见表5－4。

表5－4 美国红鱼育苗各阶段投喂的微囊颗粒饲料的型号及粒径大小

发育阶段	全长/厘米	饵料型号	粒度/毫米	投喂时期	备注
稚鱼期	1.0～1.6	S－1	0.3～0.6	第18～23天	代替卤虫
稚鱼期	1.5～2.6	S－2	0.5～1.4	第22～26天	
稚鱼、幼鱼	2.5～3.0	S－3	1.5	第25～30天	代替鱼糜
幼鱼期	>3.0	S－4	1.25～2.25	第30天后	

3. 仔稚鱼培育

初孵仔鱼的培育密度为2万～4万尾/立方米。在培育池中首先加入2/3体积的砂滤海水，接种并保持水中小球藻密度为20万～30万个细胞/毫升。第2天按1～3个/毫升的密度，向池中接种轮虫；第3天仔鱼开口摄食时，每天分2～3次投喂轮虫，使育苗池水中轮虫的密度保持在3～5个/毫升。轮虫在投喂前需用1 500万～2 000万个细胞/毫升密度的小球藻和0.1克/升的乌贼肝油强化培养12小时后投喂。开始一周内不换水，只需每天添加适量新鲜砂滤海水。培育7～8天，开始投喂卤虫无节幼体（浓缩后预先以0.1克/升的乌贼肝油强化培养12小时），投喂量为0.4～0.8个/毫升，并以80%以上的仔鱼肠道内饵料量达到或超过2/3体积为准。日换水量为1/3～1/2，每1～2天吸污1次，避免光线直射。

进入稚鱼期后，应立即分池，培育密度减至2 000～3 000尾/立方米。分池前先将池底污物彻底吸净，再将池水排放至20～30厘米，用60目筛绢网制成的网片将鱼集中后，用水勺将稚鱼小心舀入水桶，并迅速放入其他池中。分池时必须带水操作，切忌用网捞，否则会造成稚鱼的大量死亡。因为稚鱼体表尚未被鳞，操作不慎，极易受伤。稚鱼阶段继续投喂卤虫无节幼体，也可以通过驯化，投喂1～2号微颗粒饲料。随着鱼苗的生长，饵料以3～4号微囊配合饲料为主，后期可根据水质条件投喂鱼虾糜，早、晚各1次，投喂量为鱼体重的4%～6%，并视摄食情况进行调整。投饵时应少量、勤投。投饵量根据摄食情况酌情适量增减。日换水量为30%～300%，根据水质状况增减，增大充气量，每天吸污1次。仔鱼后期及稚鱼有很强的趋光性，夜间不宜长时间照射灯光，以免仔、稚鱼集群缺氧。

4. 日常管理

鱼苗培育期间，需每日观测记录育苗池水温、盐度、pH值和溶氧，每10天测定底部化学需氧量、亚硝酸氮和氨氮含量。经常检查池内饵料生物数量，观察仔、稚鱼的摄食情况及形态、生态变化。

（二）室外池塘培育

1. 池塘准备

面积以3～10亩为宜，泥底或泥沙底，要求水质清新，无污

染，排灌方便。池水水温能达到20℃以上，盐度20～35。

2. 仔鱼下塘

一般在仔鱼开口后数天或稚鱼期后放入土池，以此降低育苗成本。一般在鱼池灌水及施肥后10～14天放苗最为适宜，早放苗浮游动物量不够，晚放苗则浮游动物太大不适合鱼苗摄食。每亩放仔鱼13.3万～20万尾。用施肥繁殖浮游生物及充气来控制溶解氧，使溶氧保持在3毫克/升以上。仔鱼下池后前10天以水中浮游动物为主食，随着仔鱼的成长，池中浮游动物数量不能满足仔鱼摄食时，可投喂适量的鱼糜或人工配合饲料。投喂量根据水质、鱼苗密度、水中浮游动物量等情况灵活掌握。

3. 日常管理

每天坚持巡塘，观察鱼苗的活动、摄食及水色、水质情况，检查进排水及防逃设施，定期测定鱼体生长，记录好水质、管理等池塘日志。特别在天气闷、气压低的夏季，更应加强巡视。如发现浮头应及时采取措施，向池塘注入新水，或进行微流水，也可以采用开动增氧机等措施来解决。

4. 鱼苗的运输

常用的方法有两种，第一种是帆布桶运输，一般1立方米的桶装苗量为5 000～10 000尾。第二种是塑料袋充氧运输，这是国内采用较普遍，成活率最高的方法，先在袋中装入海水，将鱼苗点数装袋后充氧扎口，然后再将塑料袋装入泡沫塑料箱中，一般每袋装2～3厘米鱼苗300～400尾。

第三节 美国红鱼养殖技术

一、池塘养殖技术

（一）养殖池塘的条件与要求

成鱼塘的面积一般为5～10亩，最好是3～5亩，水深在1.5～

2.5 米为适宜，土质最好为沙壤土、溶氧不得低于 6.5 毫克/升，氨氮浓度小于等于 0.3 毫克/升，pH 值 7.5 ~ 8.5。池的形状一般采用自东向西的长方形，长宽比为 2∶1 或 3∶2，东西向的池塘比南北向的池塘每天增加 3 小时的光照。

（二）放养前的准备

按海水养殖一般规格对池塘进行整修消毒、灌注新水，在放苗前 7 ~ 10 天应施肥培育水质，前期放水一般 70 ~ 80 厘米，以便较快提高水温。

（三）鱼种放养规格和密度

根据美国南卡罗来纳州池塘养殖美国红鱼的结果，放养的鱼种为尾重 1.9 ~ 4.3 克，放养密度分别为 500 尾/亩、1 000 尾/亩和 1 500 尾/亩。养殖到 244 天，3 种密度的平均个体重分别为447 克、247 克和 341 克。养殖到 547 天后，其平均个体重分别为 1 355 克、995 克和 1 200 克。从这些数据可以得出，每亩放 1 500 尾较为合适。

（四）养成期管理

美国红鱼养殖生产中应注意以下几点：

（1）经常巡视鱼塘严格控制水质，对放养密度大的养殖池塘，更要特别注意，若发现鱼浮头，及时采取措施。鱼浮头的原因，主要是水中溶氧不足，可以用多种方法解决，其中包括：①及时灌注新水；②停止投饵；③没有水源时，可以利用两个近塘互冲或本塘水自喷；④设置和开动增氧机；⑤已经发生浮头死鱼时，将好的鱼转入其他溶氧高的鱼塘。

（2）投喂要做到定量、定时、定位。定量：要控制每日投喂量，这对红鱼的生长有着非常密切的关系，一般为按鱼体重的 2% ~5% 投喂。在实际投饵时，如遇到天气不好，如阴天、沉闷天、连续大雨天等或发现鱼病或出现浮头时应减少投饵量。其次，养殖场对全年的投饵量要做到计划贮备，总投饵量可根据放养量、产量要求和饵料系数来推算。美国红鱼摄食鲜杂鱼虾的饵料系数为 8 ~ 9，而摄食蛋白含量约为 40% 的人工配合饲料的饵料系数约

为1.5，由此可以推算出全年和每个月的投饵量。定时：每天投喂2次，上午8—9时一次，下午3—4时一次。定位：在固定的位置投喂，也可采用饵料台方法，饵料台每个1～2平方米，设置在水下0.5～1米处。

（3）注意池水的排注，为了使养殖的美国红鱼正常生长，水位要保持2米左右，有条件的地方每隔一定时间要加注新水。在池水溶氧浓度下降，水温分层和浮游生物大量繁殖的季节，应采取换水措施，每日的水体交换率为20%。

（4）注意鱼池卫生和病害防治，及时清理池边及池内杂草，大型藻类及饲料残渣，定期投喂药物防病，发现有病及时找出原因，并采取相应的措施。

（5）定期检查做好记录。每个池塘要有专人负责，要有专门的记录，内容包括鱼种放养日期和数量，鱼的生长和发病情况、水质测定数据等，这些资料有利于总结全年的生产经验，为制定来年的养殖计划，改善管理措施提供参考依据。

二、网箱养殖技术

（一）鱼苗的选择

深水网箱选用的鱼种要求健康活泼，鱼体完整无损，鳞片没有缺损，体表没有寄生虫感染，规格大小整齐。规格差异大的鱼种在生长和发育方面快慢悬殊。放养苗种的规格与网目配套，要与最适宜生长的季节相衔接。深水网箱网目通常最小在3.5厘米，因此放养的鱼种应在15～20厘米，重量100～150克。网箱养殖务必选择最佳养殖鱼龄和季节，要求在起捕时达到优质、优价，获取较高的经济效益。

（二）放养密度

深水网箱养殖，由于各地养殖品种不同，网箱的规格也不一样，网箱框架周长规格不同，有40米、50米、60米，水体环境条件也不一样，养殖技术和管理水平也有差异，因此最合适的养殖密度目前还没有统一的标准。确定放养密度时应该结合水质、水流、溶解氧状况、网箱结构、设置的位置、饵料的种类和加工技术等进行综合考虑。深水大网箱养殖的放养密度可以从每立方水体几千克到几十千克，鱼种到成鱼的增重倍数一般是5~10倍，养殖产量的最终结果可以达到每立方水体数十千克。

深水网箱养殖，可搭配养殖少量的食性或摄食方式、生活方式不同的鱼类进行混养，这样既可以充分利用养殖水体和饲料，提高网箱单位面积产量和经济效益，而且还可以带动某些品种的鱼类摄食，以及清除网箱附着生物和箱底残留的饵料，减少水质的污染。混养密度可在原来主养品种密度的基础上，增加5%~10%的混养品种。

（三）苗种暂养和中间培育

为了提高网箱养殖成活率，需要从外地购买或进行人工繁殖小规格鱼苗。这些小规格的鱼苗必须在小水体中进行暂养，经过中间强化培育，达到大规格鱼种的要求，才能放入深水大网箱中进行养殖。暂养和中间培育的方法有以下几种。

1. 网箱中间培育

网箱规格为3米×3米×3米或4米×4米×4米的小网箱，鱼种规格7~10厘米，网箱的网目0.8厘米，放养量100~150尾/立方米水体。投饵量约占鱼体重量的10%~15%，饵料的品种、投喂方法及日常管理与小网箱养鱼相同。中间培育时间3~4个月，当鱼苗长到150克时，或越冬后达到更大规格的鱼种后，再放入深水网箱中进行养殖。

2. 鱼种运输

从外地采购的苗种需要经过长途或短途运输才能到达养殖场所。鱼种运输成活率的高低，直接影响网箱养殖生产，因此必须高度重视。

（1）外地采购的苗种，应当经过当地的检疫，并暂养观察一周后才能运输。

（2）运输鱼苗前，务须密集拉网锻炼1~2次，以增加鱼种的体质，适应运输的环境。

（3）运输前停食1～2天。

（4）运输的鱼种应该体质健壮、无损伤、无疾病、体色鲜艳、游动活泼、规格整齐。

（5）长途运输以活水船或塑料袋充氧为好，少量和短途运输也可以使用敞口容器充气进行运输。

（6）对苗种场和养殖海区的水质情况（水温、盐度、pH值等）事先了解，力争将环境因子的变化幅度减少到最小的程度。

3. 运输工具、规格和密度

（1）活水船运输 一般用于数量多、规格大、长距离运输，运输密度根据养殖鱼类品种和规格来确定。全长4厘米的鱼苗，运输密度控制在1 000～1 300尾/立方米水体。

（2）汽车运输 适用于中途和短途运输。可使用敞口的容器，如塑料桶，容积1立方米，有充气设备。运输密度2 000尾/桶，规格在4厘米左右。

（3）尼龙袋充氧运输 适用于小规格苗种运输，也是水产苗种最常用的运输方法。尼龙袋规格0.8米×0.4米×0.4米。装运密度根据鱼苗规格、气温、运输时间长短而定。一般鱼苗2～3厘米，装运密度为1 000～1 200尾/袋，4～5厘米为300～400尾/袋，6～10厘米为100～150尾/袋。袋内装水1/3，充气2/3，运输工具为车、船等。

3. 运输注意事项

（1）运输时的控制温度与水温不能有太大的差别，高温季节运输时间最好安排在夜间，到运输目的地的时间为第二天的早晨，可以提高运输成活率。

（2）鱼苗在计数、搬运及换水操作时要温柔细致，防止鱼苗受到机械性的损伤。

（3）运输途中应密切注意鱼苗的活动状况及水温变化，发现问题及时解决。

（4）敞口桶运输应用气泵连续充气。

（5）鱼苗运到目的地后，将鱼苗放入室内水泥池、池塘、小型网箱中暂养和中间强化培育。放苗时应先将尼龙袋置于水中，使尼龙袋内的水温与养殖水体水温逐渐接近，再打开袋口，使水渐渐进入袋子中，缓缓把鱼苗放入水中。大规格鱼种，视运输状况酌情处理，如情况良好，可直接放入深水网箱中进行养殖。

4. 养殖饲料

（1）新鲜饲料（冰、保鲜品） 如小带鱼、小黄鱼幼体、蓝圆鲹、鳀鱼、远东拟沙丁鱼、竹荚鱼、玉筋鱼、颚针鱼、青鳞鱼、贝类肉等。它们一般都能满足美国鱼类的营养需要。在高温季节，不新鲜及腐败变质的饲料鱼不宜作饲料，如果投喂会导致鱼类发病。

（2）冷冻饲料 经过冷冻的饵料在某些营养方面比新鲜饲料有所降低，特别是冷冻时间长的鱼类，会使鱼体中的脂肪发生酸败，降低饲料价值。

（3）人工配合饲料 人工配合饲料是以鱼粉为主，添加以鱼体营养必需的各种物质以及增强鱼类免疫力功能的微生物、微生物制剂，营养全面，各种成分搭配平衡合理，质量稳定，食用安全。配合饲料按照形态可分为：硬颗粒饲料、软颗粒饲料、膨化饲料等。按照加工形式可分为：企业专业生产和养殖企业预混料加工形式，后者是指采购专业厂生产的粉状预混料，根据厂家要求比例加入新鲜小杂鱼浆，现场制作软颗粒饲料（图5－5）。

图5－5 海水鱼类人工配合饲料

5. 日常管理技术

（1）分箱养殖 随着个体的增长，网箱内美国红鱼总重量已达到或者超过预定的单位面积容纳量，这时就必须及时分箱，按鱼体规格大小、体质强弱分开饲养，以防止饵料不足时发生弱肉强食的现象出现。分箱操作必须特别小心，避免损伤鱼体，以免引起疾病感染和传播，或是造成死亡。通常从鱼种养到成鱼，要分箱3～4次，也可以结合换网进行分箱。

（2）饲料投喂方法 **①投饵率**。投饵率一般为体重的5%～10%，鲜饵和冷冻饵料的饵料系数是8，配合饲料为1.8～2.0。一般小杂鱼饵料投喂量为鱼体重10%左右，人工配合饲料日投喂量为体重4%～5%。**②投饵方法**。鱼种放养3天左右、基本适应网箱养殖环境后开始投饵；小潮水时多投，大潮水时少投；透明度大时多投，水浑时少投；流急时少投或不投，平潮、缓流时多投；水温适宜多投，水温不适宜时少投或不投；4—10月多投，11月至翌年3月少投；小规格鱼多投，大规格鱼少投。**③投饵次数及时间**。一般以少量多次为原则。尽可能减少饵料因为一次性投喂过量而造成的浪费现象。通常4—10月，鱼摄食和新陈代谢旺盛，一天投喂的次数可以多一些；11月至翌年3月，水温较低，投喂的次数适当少一些。越冬期间一般不投喂。成鱼养殖一般每天1～3次。投喂时间，深水网箱养殖海区多数为强流海区，一般应在平潮或缓流时投喂。**④投喂方法**。投喂方式主要有2种，一是撒投，即一边投喂一边摄食，吃完再投，多吃多投，少吃少投，开始散开投，鱼群集群时集中投。二是饵料台投喂，即将饲料放入饵料台让鱼类自由摄食。

（3）网箱的清洗及更换 网箱下水一周后，就会吸附大量的污泥和附着海洋生物，应及时清洗和更换网具，目前常用的方法有以下3种：**①机械清洗**。可使用高压水枪，以强大的水流将网箱上附着的污物冲落。机械清洗速度快，一般比人工洗刷提高工效4～5倍。**②生物清洗**。一些养殖鱼类，如鲷科鱼类、蓝子鱼等喜刮食附着性的藻类，吞食丝状藻类、有机碎屑和残屑。利用这些鱼类的习性，在网箱内适当搭养这些鱼类，让它们刮食网上的附着生物，使网底保持清洁，水流畅通。这样既能充分利用网箱内的饵料生物，增加养殖种类，提高网箱单产，又能减轻劳动强度。**③换网法**。主要是根据网片的堵塞情况及时更换干净的网具。另外根据鱼体的大小，更换网目较大的网具。换网时，首先把养殖网具的一半的边从网箱上解下来，拉向另一边，然后以新网取代旧网原有位置，再把旧网上的鱼移入新网中，固定新网边。移鱼的方法一是将旧网拉起来，使鱼自由游入新网中；二是用抄网捞鱼放入新网中，最后把旧网的最后一边解下来，将新网完全固定好。换网时要防止鱼卷入网角内造成擦伤和死亡。清洗和更换网箱应根据养殖情况而定，一般1~3个月进行一次。

6. 安全检查

在网箱养殖过程中，经常检查网箱是否安全是非常重要的一项工作。

(1) 防逃检查　每周至少检查一次，主要检查网箱的浮式框架、网具、网具缝合部、网盖、底网、底框以及网箱固定系统是否安全可靠。在灾害性天气出现之前，应采取以下措施：网箱加网盖，以防海浪翻卷而逃鱼；检查和调整锚索的拉力，加固网箱的拉绳和固定绳；尽量清除网箱筏架上的暴露物；检查框架、锚、桩的牢固性；养殖人员、船只迁移至避风港。

(2) 防偷盗及敌害生物　网箱养殖区要有专人看管，防止偷盗现象的发生。在网箱养殖区安装夜间标志灯具，以利船只安全航行。注意敌害生物对养殖鱼类的危害，一般用盖网防止鸟害。用强度高的大网目防护网防止凶猛大型鱼类的侵袭。

在整个养殖期间，还应该做好网箱饲养管理记录。每天对海水温度、盐度、天气、风浪进行观察，同时把当天的天气、水温、各个网箱的投饵种类和数量、鱼的活动情况、摄食情况、网箱完好情况、死鱼病鱼的数量等由专人记录到网箱管理日志上。定期（一般在换洗网箱时）随机取样20~30尾鱼测量体长和体重，然后根据放入网箱内的鱼的数量和平时鱼的死亡数量，计算出鱼的

总重量，以确定合理的投饵量。日志是检查工作、积累经验、制定计划、提高技术的重要参考资料。

三、商品鱼的起捕及运输

（一）成品鱼上市规格

美国红鱼的商品鱼规格在500克/尾以上。

（二）起捕方法

一般在起捕前2天应停止投饵。就浮动式网箱而言，起捕的方法有2种。

（1）把网箱底框四角用绳索吊在浮子框的四角上，把网箱底框拖上网箱边框，用抄网捕捞。

（2）捕捞时把鱼群驱赶集中于网箱一角，只留出一个角，用自动吸鱼泵捕获，起捕率可达到100%。

（三）活鱼运输

目前网箱养殖成鱼的目的大部分是准备销售活鱼，从而实现较高的经济效益。活鱼的运输一般使用活水船或活水车运输。

（1）要根据不同的气温配载，一般在6月中旬之前或9月中旬之后，装运量应少于100千克/立方米水体，6月中旬至9月中旬装运量应少于70千克/立方米水体。

（2）避免污水、混水进入车船，特别是运输船进入浅水区避风时，更要注意。此外还应注意运输途中盐度的变化，尽量避免盐度的突然变化。

（3）保持运输用水的清洁，如果运输过程中发现有死鱼，应及时捞出处理，以防死鱼下沉腐烂，导致水质污染和管道堵塞，造成不良的后果。

（4）保持水泵正常运转，如果水泵不供水或供水不好，都会引起水中的含氧量不足，产生死鱼现象。

四、养殖实例

（1）广西钦州湾1996年开展网箱养殖美国红鱼试验，8月20

日投放鱼苗，鱼苗先在1米×1米×1米的小网箱中培育，而后移入3米×3米×4米，网目为3~5厘米的大网箱中养殖。小网箱的放苗密度为1 000尾/箱，鱼苗长到10厘米以后开始分箱，放养密度为500尾/箱，饲料为冰冻的鱼虾贝等，前期投喂量为鱼体重的10%~15%，中期投喂量为鱼体重的5%~10%，后期投喂量为鱼体重的3%~5%。中、后期每天投喂2次。每次投喂时间为15~20分钟。投喂节律为“慢、快、慢”。共投喂饲料3 425.7千克，饲料系数为6.96。养殖期间的水文环境条件为：水温12~28℃，盐度24~31，pH值为6.6~7.9，透明度为13~28厘米，网箱养殖美国红鱼7个月，平均日增重2.21克，成活率达83%，投入产出比为1∶1.97，效益比较好（表5-5）。

表5-5 广西钦州湾美国红鱼生产情况

日期（月.日）	9月15日	10月8日	11月15日	12月8日	12月31日	1月25日	2月21日	3月22日
测量数/尾	21	19	31	29	33	27	28	21
平均体长/毫米	79.8	113.0	159.4	187.5	217.7	245.3	271.8	295.6
平均体重/克	37.1	82.4	164.8	216.1	270.8	333.6	398.4	474.2
日均增长/毫米		1.44	1.22	1.22	1.31	1.10	0.98	0.88
日均增重/克		1.97	2.17	2.23	2.38	2.51	2.40	2.61

（2）浙江省舟山市水产研究所1996年6月从青岛购买体长为3厘米的美国红鱼苗900尾，运输成活率99%，养殖水域环境条件为盐度20.2~28，透明度为15~17厘米，年水温变化范围7~28℃，pH值7.6~8.3，放苗时水温为20.2℃，网箱规格为2.8米×2.8米×3米，放养密度为17尾/立方米，6—9月，每天投喂4次，10月以后，每天投喂2次，投喂方式为悬挂饲料盘，饲料主要为鲜或冻杂鱼虾等。养殖约5个月，总成活率76.2%，平均体重达314克，平均日增重达2.05克。

（3）集美水产学校于1997年4月30日至1998年10月30日在厦门火烧屿西侧海区、猴屿海区和马銮海堤内侧静水咸淡水海

区开展美国红鱼海水网箱和咸淡水网箱养殖，先后引进美国红鱼幼鱼3批次，共7 000尾，其中1997年4月10日引进幼鱼2 000尾，全长50～110毫米，体重9～20克，放养于厦门火烧屿网箱；1997年9月25日引进幼鱼3 000尾，全长28～35毫米，体重6.5～7.3克，放养于厦门马銮海堤内侧网箱；1998年2月11日引进红鱼2 000尾，全长42～55毫米，体重8～9.9克，放养于厦门猴屿海区网箱。经183天网箱养殖，水温16～30.5℃，全长达380～440毫米，平均410毫米；体重750～1 300克，平均980克。再经320天网箱养殖，水温6～30.5℃，全长达610～685毫米，体重2 700～3 780克，性腺发育成熟，在厦门火烧屿网箱人工催产获受精卵1 200克（表5－6，表5－7）。

表5－6　厦门美国红鱼网箱养殖生物学测定结果

养殖地点	养殖初始		养殖时间/天	验收结果	
	体长/毫米	体重/克		体长/毫米	体重/克
火烧屿海区	50～110	9～20	183	380～440	750～1 300
马銮静水海区	28～35	6.5～7.3	260	315～350	370～560
猴屿海区	42～55	8～9.5	271	340～510	480～1 700

表5－7　美国红鱼在3个不同海区的放养密度、生长发育与成活率比较

养殖地点	放养密度/（尾/立方米）	饲养时间/天	平均体重/克	成活率（%）	日增重率/克	网箱总产量/千克	单位产量/（千克·立方米）
火烧屿海区	19～20	183	980	98.8	5.24	391.125	14.9
猴屿海区	13～14	271	853	89.1	3.11	378.972	11.6
马銮静水海区	25～26	260	471	83.3	1.7	392.693	12.02

（四）全国水产技术推广总站与有关部门合作，2004年5月开始，在福建省泉州市开展了为期3个月网箱养殖试验。试验用3个6.4立方米（水下部分体积）网箱，网由尼龙网衣覆盖在坚固的网箱框架上而制成。各网箱均有网箱盖和投喂膨化浮性颗粒饲料的

摄食框。网箱布置在网箱养殖场的外围，并使前后左右相邻网箱之间至少保留 2 米的间距。放养的美国红鱼规格 227 克/尾，鱼种于 5 月 23 日放养入试验网箱，放养密度为 1 000 尾/箱。所有网箱中的鱼类在放养时的大小和年龄一致。投喂膨化浮性海水成鱼颗粒饲料。养殖结果：自 2004 年 5 月 23 日至 8 月 20 日，美国红鱼共养殖了 89 天，从 227 克/尾长至平均 1 037 克/尾。平均毛产量为 775 千克/箱或 121. 1 千克/立方米。平均成活率达 74. 9%，美国红鱼对豆粕型饲料的平均饲料转换系数为 1. 77∶1。生产每千克鱼的饲料成本是人民币 10. 62 元。当美国红鱼市场价人民币 19 元/千克时，89 天养殖周期养殖的净收入是人民币 3 096 元/箱，3 个试验网箱的平均经济回报率为 26. 6%。

（五）南海水产研究所 2000 年 8 月至 2001 年 2 月在南沙群岛美济礁开展了网箱鱼类养殖试验（详见第二章军曹鱼养殖）。美国红鱼放养数量 220 尾，平均体重为 280 克，经过 7 个月的养殖，鱼平均月增重率为 271 克，最大个体重达 2 350 克，成活率 61. 8%，饵料系数为 4. 0。

此外，浙江省宁波市象山港和玉环县楚门港，广东省饶平和珠海、广西北海、海南陵水和山东烟台等地养殖户，在海水网箱养殖美国红鱼生产中，均取得很好的成绩和经验，一般养殖成活率为 80% 以上，日增重在 2 克以上，养殖 6 ~ 7 个月，每尾平均体重可达 500 克。南方各地当年放苗，当年可以上市。每尾重可达 500 ~ 700 克。

第四节　美国红鱼病害防治技术

一、病毒性红细胞坏死病

病原体：为红细胞坏死病毒。

症状：鳃和内脏的颜色苍白，活动无力，对外界刺激反应弱，

摄食差或拒食。

感染阶段：成体。

防治方法：①改善养殖环境，消毒隔离，减少疾病传播机会。②使用抗菌或抗病毒的药饵以减少因并发感染所造成的危害。目前还未有针对该病毒的特异性治疗方法。

二、淋巴囊肿病

病原体：为淋巴囊肿病毒。

症状：鱼体消瘦，外观难看，生长缓慢，应激能力下降等。

感染阶段：成体。

防治方法：目前未有特异性治疗方法，主要采取一些措施进行预防。①碘伏（聚维酮碘）进行药浴或制成药饵投喂。②泼洒杀菌药物或投喂抗菌素，以防继发性感染。

三、链球菌病

病原体：为链球菌。

症状：体色发暗，鳃贫血发白，眼球充血、肿大、突出，鳍条充血、溃烂，体表特别是尾部有溃疡并有出血点，腹腔常有积水。

感染阶段：成体。

防治方法：①避免鱼体受伤，及时清除鱼体寄生虫。②每天每千克鱼用强力霉素 30 ~ 50 微克混入饲料，连喂 5 ~ 7 天。

四、厌氧细菌病

病原体：为厌氧细菌。

症状：各鳍都充血、发红或溃烂，肝脏肿大，因出血和脂肪变性而成暗红色。病鱼停止吃食，不活泼，漫游于水面或静止于水底，有时旋转游泳，数日内死亡。

感染阶段：成体。

防治方法：①保持环境清洁，适量投喂，降低放养密度，严防鱼体受伤。②每天每千克鱼用四环素 30 ~ 50 微克拌入饲料，连喂

7天。

五、原虫病

病原体：为淀粉卵甲藻。

症状：病鱼浮于水面，呼吸加快，鳃盖开闭不规则，口不能闭，食欲降低或拒食，游动缓慢无力，体表有许多小白点。

感染阶段：成体。

防治方法：①用淡水浸泡4～5小时。②用硫酸铜溶液2毫克/升药浴2小时，每天1次，连用3次。③用2～3毫克/升的螯合铜化合物药浴。

六、隐核虫病

病原体：为刺激隐核虫。

症状：体表有许多小白点，皮下有许多灰白色的虫体，体表黏液增多，皮肤有点状充血，拒食。

感染阶段：成体。

防治方法：同原虫病。

七、车轮虫病

病原：车轮虫寄生。

症状：车轮虫寄生在美国红鱼体表及鳃上，大量寄生时鱼鳃及体表黏液增多，有的引起继发性感染而出现炎症或组织坏死。对鱼苗危害较大，患病鱼苗成群在池边狂游。严重时呼吸困难而致死。

防治方法：同隐核虫病。

八、鱼虱病

病原：鱼虱。

症状：被侵袭的美国红鱼鳃及体表黏液增多，烦躁不安，水中狂游或池壁摩擦身体。

防治方法：可用50%的敌百虫25 毫克/升浸泡鱼苗3 分钟效果较好。若养殖期发生病害可用90%的晶体敌百虫0．5～1 毫克/升全池泼洒或高盐水、淡水浸泡。

九、鳔闭腔症

在仔、稚鱼阶段，常发现一些鱼苗浮游在水面，这些鱼苗生长缓慢，体瘦小，体色转黑，摄食少或不摄食，最后逐渐死亡。经检查发现为鳔无充气和脊柱弯曲。鳔闭腔症是因为仔鱼后期吸入表面空气的机能受到阻碍，而脊柱弯曲多发生在鳔无气体的闭腔个体。导致的原因是仔鱼后期充气量太大和营养不良引起的。调节好充气量及对轮虫和卤虫幼体进行营养强化能减少此病症的发生。

附　录

附录1　渔用配合饲料的安全指标限量

附表1　渔用配合饲料的安全指标限量

项目	限量	适用范围
铅（以Pb计）/（毫克·千克$^{-1}$）	≤5.0	各类渔用配合饲料
汞（以Hg计）/（毫克·千克$^{-1}$）	≤0.5	各类渔用配合饲料
无机砷（以As计）/（毫克·千克$^{-1}$）	≤3	各类渔用配合饲料
镉（以Cd计）/（毫克·千克$^{-1}$）	≤3	海水鱼类、虾类配合饲料
	≤0.5	其他渔用配合饲料
铬（以Cr计）/（毫克·千克$^{-1}$）	≤10	各类渔用配合饲料
氟（以F计）/（毫克·千克$^{-1}$）	≤350	各类渔用配合饲料
游离棉酚/（毫克·千克$^{-1}$）	≤300	温水杂食性鱼类、虾类配合饲料
	≤150	冷水性鱼类、海水鱼类配合饲料
氰化物/（毫克·千克$^{-1}$）	≤50	各类渔用配合饲料
多氯联苯/（毫克·千克$^{-1}$）	≤0.3	各类渔用配合饲料
异硫氰酸酯/（毫克·千克$^{-1}$）	≤500	各类渔用配合饲料
噁唑烷硫酮/（毫克·千克$^{-1}$）	≤500	各类渔用配合饲料
油脂酸价（KOH）/（毫克·千克$^{-1}$）	≤2	渔用育苗配合饲料
	≤6	渔用育成配合饲料
	≤3	鳗鲡育成配合饲料

续表

项 目	限 量	适用范围
黄曲霉素 B_1/（毫克·千克$^{-1}$）	≤0.01	各类渔用配合饲料
六六六/（毫克·千克$^{-1}$）	≤0.3	各类渔用配合饲料
滴滴涕/（毫克·千克$^{-1}$）	≤0.2	各类渔用配合饲料
沙门氏菌/（cfu·克$^{-1}$）	不得检出	各类渔用配合饲料
霉菌/（cfu·克$^{-1}$）	$\leqslant 3\times10^4$	各类渔用配合饲料

附录2　渔用药物使用准则

（一）渔用药物

1. 用以预防、控制和治疗水产动植物的病、虫、害，促进养殖品种健康生长，增强机体抗病能力以及改善养殖水体质量的一切物质，简称“渔药”。

2. 生物源渔药

直接利用生物活体或生物代谢过程中产生的具有生物活性的物质或从生物体提取的物质作为防治水产动物病害的渔药。

3. 渔用生物制品

应用天然或人工改造的微生物、寄生虫、生物毒素或生物组织及其代谢产物为原材料，采用生物学、分子生物学或生物化学等相关技术制成的、用于预防、诊断和治疗水产动物传染病和其他有关疾病的生物制剂。它的效价或安全性应采用生物学方法检定并有严格的可靠性。

4. 休药期

最后停止给药日至水产品作为食品上市出售的最短时间。

（二）渔用药物使用基本原则

1. 渔用药物的使用应以不危害人类健康和不破坏水域生态环境为基本原则。

2. 水生动植物增养殖过程中对病虫害的防治，坚持“以防为主，防治结合”。

3. 渔药的使用应严格遵循国家和有关部门的有关规定，严禁生产、销售和使用未经取得生产许可证、批准文号与没有生产执行标准的渔药。

4. 积极鼓励研制、生产和使用“三效”（高效、速效、长效）、“三小”（毒性小、副作用小、用量小）的渔药，提倡使用水产专用渔药、生物源渔药和渔用生物制品。

5. 病害发生时应对症用药，防止滥用渔药与盲目增大用药量或增加用药次数、延长用药时间。

6. 食用鱼上市前，应有相应的休药期。休药期的长短，应确保上市水产品的药物残留限量符合 NY5070 要求。

7. 水产饲料中药物的添加应符合 NY5072 要求，不得选用国家规定禁止使用的药物或添加剂，也不得在饲料中长期添加抗菌药物。

（三）渔用药物使用方法

附表 2－1 渔用药物使用方法

渔药名称	用途	用法与用量	休药期/天	注意事项
氧化钙（生石灰）calcii oxydum	用于改善池塘环境，清除敌害生物及预防部分细菌性鱼病	带水清塘：200～250 毫克/升（虾类：350～400 毫克/升）全池泼洒：20 毫克/升（虾类：15～30 毫克/升）		不能与漂白粉、有机氯、重金属盐、有机络合物混用
漂白粉 bleaching powder	用于清塘、改善池塘环境及防治细菌性皮肤病、烂鳃病出血病	带水清塘：20 毫克/升 全池泼洒：1.0～1.5 毫克/升	≥5	1. 勿用金属容器盛装。2. 勿与酸、铵盐、生石灰混用
二氯异氰尿酸钠 sodium dichloroisocyanurate	用于清塘及防治细菌性皮肤溃疡病、烂鳃病、出血病	全池泼洒：0.3～0.6 毫克/升	≥10	勿用金属容器盛装
三氯异氰尿酸 trichloroisocyanuric acid	用于清塘及防治细菌性皮肤溃疡病、烂鳃病、出血病	全池泼洒：0.2～0.5 毫克/升	≥10	1. 勿用金属容器盛装。2. 针对不同的鱼类和水体的 pH 值，使用量应适当增减

续表

渔药名称	用途	用法与用量	休药期/天	注意事项
二氧化氯 chlorine dioxide	用于防治细菌性皮肤病、烂鳃病、出血病	浸浴：20 ~ 40 毫克/升，5 ~10 分钟 全池泼洒：0. 1 ~ 0. 2 毫克/升，严重时 0. 3 ~ 0. 6 毫克/升	≥10	1. 勿用金属容器盛装。 2. 勿与其他消毒剂混用
二溴海因	用于防治细菌性和病毒性疾病	全池泼洒：0. 2 ~ 0. 3 毫克/升		
氯化钠（食盐）sodium choiride	用于防治细菌、真菌或寄生虫疾病	浸浴：1% ~3%，5 ~20 分钟		
硫酸铜（蓝矾、胆矾、石胆）copper sulfate	用于治疗纤毛虫、鞭毛虫等寄生性原虫病	浸浴：8 毫克/升（海水鱼类：8 ~ 10 毫克/升），15 ~30 分钟 全池泼洒： 0. 5 ~0. 7 毫克/升（海水鱼类：0. 7 ~ 1. 0 毫克/升）		1. 常与硫酸亚铁合用。 2. 广东鲂慎用。 3. 勿用金属容器盛装。 4. 使用后注意池塘增氧。 5. 不宜用于治疗小瓜虫病
硫酸亚铁（硫酸低铁、绿矾、青矾）ferrous sulphate	用于治疗纤毛虫、鞭毛虫等寄生性原虫病	全池泼洒：0. 2 毫克/升（与硫酸铜合用）		1. 治疗寄生性原虫病时需与硫酸铜合用。 2. 乌鳢慎用

续表

渔药名称	用途	用法与用量	休药期/天	注意事项
高锰酸钾（锰酸钾、灰锰氧、锰强灰）potassium permanganate	用于杀灭锚头鳋	浸浴：10 ~ 20 毫克/升，15 ~ 30 分钟 全池泼洒：4 ~ 7 毫克/升		1. 水中有机物含量高时药效降低。 2. 不宜在强烈阳光下使用
四烷基季铵盐络合碘（季铵盐含量为50%）	对病毒、细菌、纤毛虫、藻类有杀灭作用	全池泼洒：0.3 毫克/升（虾类相同）		1. 勿与碱性物质同时使用。 2. 勿与阴性离子表面活性剂混用。 3. 使用后注意池塘增氧。 4. 勿用金属容器盛装
大蒜 crow's treacle，garlic	用于防治细菌性肠炎	拌饵投喂：10 ~ 30 克/千克体重，连用 4 ~ 6 天（海水鱼类相同）		
大蒜素粉（含大蒜素10%）	用于防治细菌性肠炎	0.2 克/千克体重，连用 4 ~ 6 天（海水鱼类相同）		
大黄 medicinal rhubarb	用于防治细菌性肠炎、烂鳃	全池泼洒：2.5 ~ 4.0 毫克/升（海水鱼类相同） 拌饵投喂：5 ~ 10 克/千克体重，连用4 ~ 6 天（海水鱼类相同）		投喂时常与黄芩、黄柏合用（三者比例为 5:2:3）。

续表

渔药名称	用途	用法与用量	休药期/天	注意事项
黄芩 raikai skullcap	用于防治细菌性肠炎、烂鳃、赤皮、出血病	拌饵投喂：2～4克/千克体重，连用4～6天（海水鱼类相同）		投喂时常与大黄、黄柏合用（三者比例为2:5:3）
黄柏 amur corktree	用防防治细菌性肠炎、出血病	拌饵投喂：3～6克/千克体重，连用4～6天（海水鱼类相同）		投喂时常与大黄、黄芩合用（三者比例为3:5:2）
五倍子 Chinese sumac	用于防治细菌性烂鳃、赤皮、白皮、疖疮病	全池泼洒：2～4毫克/升（海水鱼类相同）		
穿心莲 common andrographis	用于防治细菌性肠炎、烂鳃、赤皮病	全池泼洒：15～20毫克/升 拌饵投喂：10～20克/千克体重，连用4～6天		
苦参 lightyellow sophora	用于防治细菌性肠炎、竖鳞病	全池泼洒：1.0～1.5毫克/升 拌饵投喂：1～2克/千克体重，连用4～6天		
土霉素 oxytetracycline	用于治疗肠炎病、弧菌病	拌饵投喂：50～80毫克/千克体重，连用4～6天（海水鱼类相同，虾类：50～80毫克/千克体重，连用5～10天）	≥30（鳗鲡） ≥21（鲇鱼）	勿与铝、镁离子及卤素、碳酸氢钠、凝胶合用

续表

渔药名称	用途	用法与用量	休药期/天	注意事项
噁喹酸 oxolinic acid	用于治疗细菌肠炎病、赤鳍病、香鱼、对虾弧菌病，鲈鱼结节病，鲱鱼疖疮病	拌饵投喂：10 ~ 30 毫克/千克体重，连用 5 ~ 7 天（海水鱼类 1 ~ 20 毫克/千克体重；对虾：6 ~ 60 毫克/千克体重，连用 5 天）	≥25（鳗鲡）≥21（鲤鱼、香鱼）≥16（其他鱼类）	用药量视不同的疾病有所增减
磺胺嘧啶（磺胺哒嗪）sulfadiazine	用于治疗鲤科鱼类的赤皮病、肠炎病，海水鱼链球菌病	拌饵投喂：100 毫克/千克体重连用 5 天（海水鱼类相同）		1. 与甲氧苄氨嘧啶（TMP）同用，可产生增效作用。 2. 第一天药量加倍
磺胺甲噁唑（新诺明、新明磺）sulfamethoxazole	用于治疗鲤科鱼类的肠炎病	拌饵投喂：100 毫克/千克体重，连用 5 ~ 7 天		1. 不能与酸性药物同用。 2. 与甲氧苄氨嘧啶（TMP）同用，可产生增效作用。 3. 第一天药量加倍
磺胺间甲氧嘧啶（制菌磺、磺胺 - 6 - 甲氧嘧啶）sulfamonomethoxine	用鲤科鱼类的竖鳞病、赤皮病及弧菌病	拌饵投喂：50 ~ 100 毫克/千克体重，连用 4 ~ 6 天	≥37（鳗鲡）	1. 与甲氧苄氨嘧啶（TMP）同用，可产生增效作用。 2. 第一天药量加倍

续表

渔药名称	用途	用法与用量	休药期/天	注意事项
氟苯尼考 florfenicol	用于治疗鳗鲡爱德华氏病、赤鳍病	拌饵投喂：10.0 毫克/千克体重，连用 4～6 天	≥7（鳗鲡）	
聚维酮碘（聚乙烯吡咯烷酮碘、皮维碘、PVP－1、伏碘）（有效碘 1.0%） povidone-iodine	用于防治细菌烂鳃病、弧菌病、鳗鲡红头病。并可用于预防病毒病：如草鱼出血病、传染性胰腺坏死病、传染性造血组织坏死病、病毒性出血败血症	全池泼洒：海、淡水幼鱼、幼虾：0.2～0.5 毫克/升 海、淡水成鱼、成虾：1～2 毫克/升 鳗鲡：2～4 毫克/升 浸浴： 草鱼种：30 毫克/升，15～20 分钟 鱼卵： 30～50 毫克/升（海水鱼卵 25～30 毫克/升），5～15 分钟		1. 勿与金属物品接触。 2. 勿与季铵盐类消毒剂直接混合使用

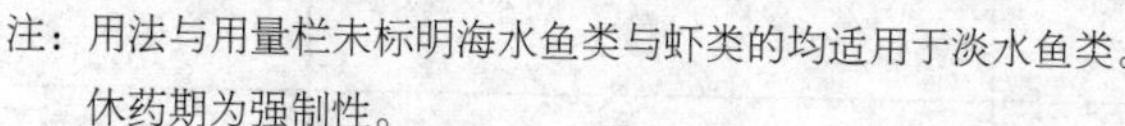
注：用法与用量栏未标明海水鱼类与虾类的均适用于淡水鱼类。

休药期为强制性。

（四）禁用渔药

严禁使用高毒、高残留或具有三致毒性（致癌、致畸致突变）的渔药。严禁使用对水域环境有严重破坏而又难以修复的渔药，严禁直接向养殖水域泼洒抗菌素，严禁将新近开发的人用新药作为渔药的主要或次要成分。禁用渔药见附表 2－2。

附表 2－2 禁用渔药

药物名称	化学名称（组成）	别名
地虫硫磷 fonofos	0－2 基－S 苯基二硫代磷酸乙酯	大风雷
六六六 BHC（HCH） Benzem，bexachloridge	1，2，3，4，5，6－六氯环已烷	
林丹 lindane，agammaxare，gamma－BHC gamma－HCH	γ－1，2，3，4，5，6－六氯环已烷	丙体六六六
毒杀芬 camphechlor（ISO）	八氯莰烯	氯化莰烯
滴滴涕 DDT	2，2－双（对氯苯基）－1，1，1－三氯乙烷	
甘汞 calomel	二氯化汞	
硝酸亚汞 mercurous nitrate	硝酸亚汞	
醋酸汞 mercuric acetate	醋酸汞	
呋喃丹 carbofuran	2，3－氢－2，2－二甲基－7－苯并呋喃－甲基氨基甲酸酯	克百威、大扶农
杀虫脒 chlordimeform	N－（2－甲基－4－氯苯基）N'，N'－二甲基甲脒盐酸盐	克死螨
双甲脒 anitraz	1，5－双－（2，4－二甲基苯基）－3－甲基 1，3，5－三氮戊二烯－1，4	二甲苯胺脒
氟氯氰菊酯 flucythrinate	（R，S）－α－氰基－3－苯氧苄基－（R，S）－2－（4－二氟甲氧基）－3－甲基丁酸酯	氟氰菊酯
五氯酚钠 PCP－Na	五氯酚钠	
孔雀石绿 malachite green	$C_{23}H_{25}ClN_2$	碱性绿、盐基块绿、孔雀绿
锥虫胂胺 tryparsamide	$C_8H_{10}AsN_2NaO_4$	

续表

药物名称	化学名称（组成）	别名
酒石酸锑钾 anitmonyl potassium tartrate	酒石酸锑钾	
磺胺噻唑 sulfathiazolum ST，norsultazo	2－（对氨基苯碘酰胺）－噻唑	消治龙
磺胺脒 sulfaguanidine	N_1－脒基磺胺	磺胺胍
呋喃西林 furacillinum，nitrofurazone	5－硝基呋喃醛缩氨基脲	呋喃新
呋喃唑酮 furazolidonum，nifulidone	3－（5－硝基糠叉胺基）－2－噁唑烷酮	痢特灵
呋喃那斯 furanace，nifurpirinol	6－羟甲基－2－［－5－硝基－2－呋喃基乙烯基］吡啶	P－7138（实验名）
氯霉素（包括其盐、酯及制剂）chloramphennicol	由委内瑞拉链霉素生产或合成法制成	
红霉素 erythromycin	属微生物合成，是 *Streptomyces eyythreus* 生产的抗生素	
杆菌肽锌 zinc bacitracin premin	由枯草杆菌 *Bacillus subtilis* 或 *B. leicheniformis* 所产生的抗生素，为一含有噻唑环的多肽化合物	枯草菌肽
泰乐菌素 tylosin	S. fradiae 所产生的抗生素	
环丙沙星 ciprofloxacin（CIPRO）	为合成的第三代喹诺酮类抗菌药，常用盐酸盐水合物	环丙氟哌酸
阿伏帕星 avoparcin	$C_{53}H_6Cl_3N_6O_3$	阿伏霉素
喹乙醇 olaquindox	喹乙醇	喹酰胺醇羟乙喹氧
速达肥 fenbendazole	5－苯硫基－2－苯并咪唑	苯硫哒唑氨甲基甲酯

附录

续表

药物名称	化学名称（组成）	别名
已烯雌酚（包括雌二醇等其他类似合成等雌性激素）diethylstilbestrol，stilbestrol	人工合成的非甾体雌激素	乙烯雌酚、人造求偶素
甲基睾丸酮（包括丙酸睾丸素、去氢甲睾酮以及同化物等雄性激素）methyltestosterone，metandren	睾丸素 C_{17} 的甲基衍生物	甲睾酮甲基睾酮

（五）无公害食品　水产品中渔药残留限量 NY 5070－2002（摘录）

附表 2－3　水产品中渔药残留限量

药物类别		药物名称 中文	药物名称 英文	指标（MRL）（微克/千克）
抗生素类	四环素类	金霉素	Chlortetracycline	100
		土霉素	Oxytetracycline	100
		四环素	Tetracycline	100
	氯霉素类	氯霉素	Chloramphenicol	不得检出
磺胺类及增效剂		磺胺嘧啶	Sulfadiazine	100（以总量计）
		磺胺甲基嘧啶	Sulfamerazine	
		磺胺二甲基嘧啶	Sulfadimidine	
		磺胺甲噁唑	Sulfamethoxaozole	
		甲氧苄啶	Trimethoprim	50
喹诺酮类		噁喹酸	Oxilinic acid	300
硝基呋喃类		呋喃唑酮	Furazolidone	不得检出
其他		已烯雌酚	Diethylstilbestrol	不得检出
		喹乙醇	Olaquindox	不得检出

附录3　食品动物禁用的兽药及其他化合物清单

（农业部公告第193号）

为保证动物源性食品安全，维护人民身体健康，根据《兽药管理条例》的规定，我部制定了《食品动物禁用的兽药及其他化合物清单》（以下简称《禁用清单》），现公告如下：

1.《禁用清单》序号1~18所列品种的原料药及其单方、复方制剂产品停止生产，已在兽药国家标准、农业部专业标准及兽药地方标准中收载的品种，废止其质量标准，撤销其产品批准文号；已在我国注册登记的进口兽药，废止其进口兽药质量标准，注销其《进口兽药登记许可证》。

2. 截止2002年5月15日，《禁用清单》序号1~18所列品种的原料药及其单方、复方制剂产品停止经营和使用。

3.《禁用清单》序号19~21所列品种的原料药及其单方、复方制剂产品不准以抗应激、提高饲料报酬、促进动物生长为目的在食品动物饲养过程中使用。

附表3　食品动物禁用的兽药及其他化合物清单

序号	兽药及其他化合物名称	禁止用途	禁用动物
1	β-兴奋剂类：克仑特罗 Clenbuterol、沙丁胺醇 Salbutamol、西马特罗 Cimaterol 及其盐、酯及制剂	所有用途	所有食品动物
2	性激素类：己烯雌酚 Diethylstilbestrol 及其盐、酯及制剂	所有用途	所有食品动物
3	具有雌激素样作用的物质：玉米赤霉醇 Zeranol、去甲雄三烯醇酮 Trenbolone 、醋酸甲孕酮 Mengestrol acetate 及制剂	所有用途	所有食品动物

续表

序号	兽药及其他化合物名称	禁止用途	禁用动物
4	氯霉素 Chloramphenicol 及其盐、酯（包括：琥珀氯霉素 Chloramphenicol succinate）及制剂	所有用途	所有食品动物
5	氨苯砜 Dapsone 及制剂	所有用途	所有食品动物
6	硝基呋喃类：呋喃唑酮 Furazolidone、呋喃它酮 Furaltadone、呋喃苯烯酸钠 Nifurstyrenate sodium 及制剂	所有用途	所有食品动物
7	硝基化合物：硝基酚钠 Sodium nitrophenolate、硝呋烯腙 Nitrovin 及制剂	所有用途	所有食品动物
8	催眠、镇静类：安眠酮 Methaqualone 及制剂	所有用途	所有食品动物
9	林丹（丙体六六六）Lindane	杀虫剂	水生食品动物
10	毒杀芬（氯化烯）Camahechlor	杀虫剂、清塘剂	水生食品动物
11	呋喃丹（克百威）Carbofuran	杀虫剂	水生食品动物
12	杀虫脒（克死螨）Chlordimeform	杀虫剂	水生食品动物
13	双甲脒 Amitraz	杀虫剂	水生食品动物
14	酒石酸锑钾 Antimony potassium tartrate	杀虫剂	水生食品动物
15	锥虫胂胺 Tryparsamide	杀虫剂	水生食品动物
16	孔雀石绿 Malachite green	抗菌、杀虫剂	水生食品动物
17	五氯酚酸钠 Pentachlorophenol sodium	杀螺剂	水生食品动物
18	各种汞制剂 包括：氯化亚汞（甘汞）Calomel、硝酸亚汞 Mercurous nitrate、醋酸汞 Mercurous acetate、吡啶基醋酸汞 Pyridyl mercurous acetate	杀虫剂	动物
19	性激素类：甲基睾丸酮 Methyltestosterone、丙酸睾酮 Testosterone propionate 苯丙酸诺龙 Nandrolone phenylpropionate、苯甲酸雌二醇 Estradiol benzoate 及其盐、酯及制剂	促生长	所有食品动物

续表

序号	兽药及其他化合物名称	禁止用途	禁用动物
20	催眠、镇静类：氯丙嗪 Chlorpromazine、地西泮（安定）Diazepam 及其盐、酯及制剂	促生长	所有食品动物
21	硝基咪唑类：甲硝唑 Metronidazole、地美硝唑 Dimetronidazole 及其盐、酯及制剂	促生长	所有食品动物

注：食品动物是指各种供人食用或其产品供人食用的动物。

附录4 关于禁用药的说明

（一）氯霉素。该药对人类的毒性较大，抑制骨髓造血功能造成过敏反应，引起再生障碍性贫血（包括白细胞减少、红细胞减少、血小板减少等），此外该药还可引起肠道菌群失调及抑制抗体的形成。该药已在国外较多国家禁用。

（二）呋喃唑酮。呋喃唑酮残留会对人类造成潜在危害，可引起溶血性贫血、多发性神经炎、眼部损害和急性肝坏死等残病。目前已被欧盟等国家禁用。

（三）甘汞、硝酸亚汞、醋酸汞和吡啶基醋酸汞。汞对人体有较大的毒性，极易产生富集性中毒，出现肾损害。国外已经在水产养殖上禁用这类药物。

（四）锥虫胂胺。由于砷有剧毒，其制剂不仅可在生物体内形成富集，而且还可对水域环境造成污染，因此它具有较强的毒性，国外已被禁用。

（五）五氯酚钠。它易溶于水，经日光照射易分解。它造成中枢神经系统、肝、肾等器官的损害，对鱼类等水生动物毒性极大。该药对人类也有一定的毒性，对人的皮肤、鼻、眼等黏膜刺激性强，使用不当，可引起中毒。

（六）孔雀石绿。孔雀石绿有较大的副作用：它能溶解足够的锌，引起水生动物急性锌中毒，更严重的是孔雀绿是一种致癌、致畸药物，可对人类造成潜在的危害。

（七）杀虫脒和双甲脒。农业部、卫生部在发布的农药安全使用规定中把杀虫脒列为高毒药物，1989 年已宣布杀虫脒作为淘汰药物；双甲脒不仅毒性高，其中间代谢产物对人体也有致癌作用。该类药物还可通过食物链的传递，对人体造成潜在的致癌危险。该类药物国外也被禁用。

（八）林丹、毒杀芬。均为有机氯杀虫剂。其最大的特点是自然降解慢，残留期长，有生物富集作用，有致癌性，对人体功能性器官有损害等。该类药物国外已经禁用。

（九）甲基睾丸酮、己烯雌粉。属于激素类药物。在水产动物体内的代谢较慢，极小的残留都可对人类造成危害。

甲基睾丸酮对妇女可能会引起类似早孕的反应及乳房胀、不规则出血等；大剂量应用影响肝脏功能；孕妇有女胎男性化和畸胎发生，容易引起新生儿溶血及黄疸。

己烯雌粉可引进恶心、呕吐、食欲不振、头痛反应，损害肝脏和肾脏；可引起子宫内膜过度增生，导致孕妇胎儿畸形。

（十）酒石酸锑钾。该药是一种毒性很大的药物，尤其是对心脏毒性大，能导致室性心动过速，早搏，甚至发生急性心源性脑缺血综合症；该药还可使肝转氨酶升高，肝肿大，出现黄疸，并发展成中毒性肝炎。该药在国外已被禁用。

（十一）喹乙醇。主要作为一种化学促生长剂在水产动物饲料中添加，它的抗菌作用是次要的。由于此药的长期添加，已发现对水产养殖动物的肝、肾能造成很大的破坏，引起水产养殖动物肝脏肿大、腹水，造成水产动物的死亡。如果长期使用该类药，则会造成耐药性，导致肠球菌广为流行，严重危害人类健康。欧盟等禁用。

附录5 海水养殖用水水质标准

NY 5052—2001 无公害食品 海水养殖用水水质

附表5 海水养殖水质要求

序号	项目	标准值
1	色、臭、味	海水养殖水体不得有异色、异臭、异味
2	大肠菌群/(个/升)	≤5 000，供人生食的贝类养殖水质≤500
3	粪大肠菌群/(个/升)	≤2 000，供人生食的贝类养殖水质≤140
4	汞/(毫克/升)	≤0. 000 2
5	镉/(毫克/升)	≤0. 005
6	铅/(毫克/升)	≤0. 05
7	六价铬/(毫克/升)	≤0. 01
8	总铬/(毫克/升)	≤0. 1
9	砷/(毫克/升)	≤0. 03
10	铜/(毫克/升)	≤0. 01
11	锌/(毫克/升)	≤0. 1
12	硒/(毫克/升)	≤0. 02
13	氰化物/(毫克/升)	≤0. 005
14	挥发性酚/(毫克/升)	≤0. 005
15	石油类/(毫克/升)	≤0. 05
16	六六六/(毫克/升)	≤0. 001
17	滴滴涕/(毫克/升)	≤0. 000 05
18	马拉硫磷/(毫克/升)	≤0. 000 5
19	甲基对硫磷/(毫克/升)	≤0. 000 5
20	乐果/(毫克/升)	≤0. 1
21	多氯联苯/(毫克/升)	≤0. 000 02

附录6　海水盐度、相对密度换算表

附表6　海水17.5℃时，海水盐度与相对密度的相互关系

盐度	比重	盐度	比重	盐度	比重	盐度	比重
1.84	1.001 4	4.92	1.003 8	8.06	1.006 2	11.20	1.008 6
1.91	1.001 5	5.05	1.003 9	8.19	1.006 3	11.34	1.008 7
2.03	1.001 6	5.17	1.004 0	8.31	1.006 4	11.47	1.008 8
2.17	1.001 7	5.31	1.004 1	8.45	1.006 5	11.60	1.008 9
2.30	1.001 8	5.44	1.004 2	8.59	1.006 6	11.73	1.009 0
2.43	1.001 9	5.57	1.004 3	8.71	1.006 7	11.86	1.009 1
2.56	1.002 0	5.70	1.004 4	8.84	1.006 8	12.00	1.009 2
2.69	1.002 1	5.83	1.004 5	8.97	1.006 9	12.12	1.009 3
2.83	1.002 2	5.96	1.004 6	9.11	1.007 0	12.26	1.009 4
2.95	1.002 3	6.09	1.004 7	9.24	1.007 1	12.39	1.009 5
3.08	1.002 4	6.22	1.004 8	9.37	1.007 2	12.52	1.009 6
3.21	1.002 5	6.36	1.004 9	9.51	1.007 3	12.65	1.009 7
3.35	1.002 6	6.49	1.005 0	9.63	1.007 4	12.78	1.009 8
3.48	1.002 7	6.62	1.005 1	9.76	1.007 5	12.92	1.009 9
3.60	1.002 8	6.74	1.005 2	9.89	1.007 6	13.04	1.010 0
3.73	1.002 9	6.88	1.005 3	10.03	1.007 7	13.17	1.010 1
3.87	1.003 0	7.01	1.005 4	10.16	1.007 8	13.31	1.010 2
4.00	1.003 1	7.14	1.005 5	10.28	1.007 9	13.44	1.010 3
4.13	1.003 2	7.27	1.005 6	10.42	1.008 0	13.57	1.010 4
4.26	1.003 3	7.40	1.005 7	10.55	1.008 1	13.70	1.010 5
4.40	1.003 4	7.54	1.005 8	10.68	1.008 2	13.84	1.010 6
4.52	1.003 5	7.67	1.005 9	10.81	1.008 3	13.96	1.010 7
4.65	1.003 6	7.79	1.006 0	10.94	1.008 4	14.09	1.010 8
4.78	1.003 7	7.93	1.006 1	11.08	1.008 5	14.23	1.010 9

续表

盐度	比重	盐度	比重	盐度	比重	盐度	比重
14.36	1.011 0	18.04	1.013 8	21.72	1.016 6	25.39	1.019 4
14.49	1.011 1	18.17	1.013 9	21.85	1.016 7	25.53	1.019 5
14.61	1.011 2	18.30	1.014 0	21.98	1.016 8	25.66	1.019 6
14.75	1.011 3	18.43	1.014 1	22.11	1.016 9	25.79	1.019 7
14.89	1.011 4	18.57	1.014 2	22.25	1.017 0	25.91	1.019 8
15.01	1.011 5	18.69	1.014 3	22.38	1.017 1	26.05	1.019 9
15.15	1.011 6	18.82	1.014 4	22.50	1.017 2	26.18	1.020 0
15.28	1.011 7	18.96	1.014 5	22.64	1.017 3	26.31	1.020 1
15.41	1.011 8	19.09	1.014 6	22.77	1.017 4	26.45	1.020 2
15.53	1.011 9	19.22	1.014 7	22.90	1.017 5	26.58	1.020 3
15.67	1.012 0	19.35	1.014 8	23.03	1.017 6	26.71	1.020 4
15.81	1.012 1	19.49	1.014 9	23.16	1.017 7	26.83	1.020 5
15.93	1.012 2	19.61	1.015 0	23.30	1.017 8	26.97	1.020 6
16.07	1.012 3	19.74	1.015 1	23.42	1.017 9	27.11	1.020 7
16.20	1.012 4	19.88	1.015 2	23.56	1.018 0	27.23	1.020 8
16.33	1.012 5	20.01	1.015 3	23.69	1.018 1	27.36	1.020 9
16.46	1.012 6	20.14	1.015 4	23.82	1.018 2	27.49	1.021 0
16.59	1.012 7	20.27	1.015 5	23.95	1.018 3	27.63	1.021 1
16.73	1.012 8	20.41	1.015 6	24.08	1.018 4	27.75	1.021 2
16.85	1.012 9	20.53	1.015 7	24.22	1.018 5	27.89	1.021 3
16.98	1.013 0	20.66	1.015 8	24.34	1.018 6	28.03	1.021 4
17.12	1.013 1	20.80	1.015 9	24.47	1.018 7	28.15	1.021 5
17.25	1.013 2	20.93	1.016 0	24.61	1.018 8	28.28	1.021 6
17.38	1.013 3	21.06	1.016 1	24.74	1.018 9	28.41	1.021 7
17.51	1.013 4	21.19	1.016 2	24.87	1.019 0	28.55	1.021 8
17.65	1.013 5	21.33	1.016 3	25.00	1.019 1	28.68	1.021 9
17.77	1.013 6	21.46	1.016 4	25.14	1.019 2	28.80	1.022 0
17.90	1.013 7	21.58	1.016 5	25.26	1.019 3	28.94	1.022 1

续表

盐度	比重	盐度	比重	盐度	比重	盐度	比重
29. 07	1. 022 2	32. 21	1. 024 6	35. 35	1. 027 0	38. 48	1. 029 4
29. 20	1. 022 3	32. 34	1. 024 7	35. 48	1. 027 1	38. 60	1. 029 5
29. 33	1. 022 4	32. 47	1. 024 8	35. 61	1. 027 2	38. 73	1. 029 6
29. 46	1. 022 5	32. 60	1. 024 9	35. 73	1. 027 3	38. 87	1. 029 7
29. 60	1. 022 6	32. 74	1. 025 0	35. 87	1. 027 4	39. 00	1. 029 8
29. 72	1. 022 7	32. 86	1. 025 1	36. 00	1. 027 5	39. 13	1. 029 9
29. 85	1. 022 8	32. 99	1. 025 2	36. 13	1. 027 6	39. 25	1. 023 0
29. 98	1. 022 9	33. 13	1. 025 3	36. 26	1. 027 7	39. 38	1. 023 1
30. 12	1. 023 0	33. 26	1. 025 4	36. 39	1. 027 8	39. 52	1. 023 2
30. 25	1. 023 1	33. 39	1. 025 5	36. 52	1. 027 9	39. 65	1. 023 3
30. 37	1. 023 2	33. 51	1. 025 6	36. 65	1. 028 0	39. 78	1. 030 4
30. 51	1. 023 3	33. 65	1. 025 7	36. 78	1. 028 1	39. 90	1. 030 5
30. 64	1. 023 4	33. 78	1. 025 8	36. 91	1. 028 2	40. 04	1. 030 6
30. 77	1. 023 5	33. 91	1. 025 9	37. 04	1. 028 3	40. 17	1. 030 7
30. 90	1. 023 6	34. 04	1. 026 0	37. 18	1. 028 4	40. 30	1. 030 8
31. 03	1. 023 7	34. 17	1. 026 1	37. 30	1. 028 5	40. 43	1. 030 9
31. 17	1. 023 8	34. 31	1. 026 2	37. 43	1. 028 6	40. 53	1. 031 0
31. 29	1. 023 9	34. 43	1. 026 3	37. 56	1. 028 7	40. 68	1. 031 1
31. 43	1. 024 0	34. 56	1. 026 4	37. 69	1. 028 8	40. 81	1. 031 2
31. 56	1. 024 1	34. 70	1. 026 5	37. 83	1. 028 9	40. 95	1. 031 3
31. 69	1. 024 2	34. 83	1. 026 6	37. 95	1. 029 0	41. 08	1. 031 4
31. 82	1. 024 3	34. 96	1. 026 7	38. 08	1. 029 1	41. 20	1. 031 5
31. 94	1. 024 4	35. 08	1. 026 8	38. 22	1. 029 2	41. 33	1. 031 6
32. 09	1. 024 5	35. 21	1. 026 9	38. 35	1. 029 3	41. 46	1. 031 7

附录7　常见计量单位换算表

长度：

1 千米（公里，km）=1 000 米（m）

1 米（公尺，米）=100 厘米（cm）

1 厘米（cm）=10 毫米（mm）

1 毫米=1 000 微米（微米）

1 市尺* =1/3 米

1 市寸* =3. 331 厘米

1 英寸* =2. 54 厘米

面积：

1 公顷（hm^2）=100 公亩（a）=15 亩*

1 公亩（a）=100 平方米（m^2）

1 平方米（m^2）=10 000 平方厘米（cm^2）

1 亩* =666. 67 平方米（m^2）

体积（容积）：

1 立方米（m^3）=1 000 000 立方厘米（cm^3）

1 立方厘米（cm^3）=1 000 立方毫米（mm^3）

1 升（L）=1 000 立方厘米（cm^3）=1 000 毫升（mL）

1 毫升（mL）=1 000 微升（μL）

重量：

1 吨（t）=1 000 千克（kg）

1 千克（kg）=1 000 克（g）

1 克（g）=1 000 毫克（mg）

注：* 为非法定计量单位。

1 毫克（mg） =1 000 微克（μg）

1 微克（μg） =1 000 毫微克（mμg 或 ng）

1 毫微克（mμg 或 ng） =1 000 微微克（pg）

mg 微克（milligram）

ng 毫微克（nanogram）

pg 微微克（picogram）

根据英华大辞典：

pico 微微（μμ）10^{-12}

nano 毫微 10^{-9}

micro 微 10^{-6}

附录8 海洋潮汐简易计算方法

从事海水养殖，必须掌握潮汐涨落时间，使鱼、虾养殖池能及时进、排水，可利用“八分算潮法”近似算出。“八分算潮法”只要知道当地的高潮间隙和低潮间隙，就可以算出任何一天的高、低潮时间。高潮间隙与低潮间隙可在当地水文气象站查知。

“八分算潮法”的计算公式如下：

上半月高潮时 =（农历日期 – 1）×0.8 + 高潮间隙

下半月高潮时 =（农历日期 – 16）×0.8 + 高潮间隙

低潮时 = 高潮时 ±6.12（适用于海潮）

江潮或受河流影响的内湾的低潮时可用下面公式计算：

上半月低潮时 =（农历日期 – 1）×0.8 + 低潮间隙

下半月低潮时 =（农历日期 – 16）× 0.8 + 低潮间隙

计算出的高潮时或低潮时 ±12.24 就可以得出当天另一次高潮或低潮时间。

附录9　眼斑拟石首鱼　亲鱼　苗种

本标准由农业部渔业局提出。

本标准由全国水产标准化技术委员会海水养殖分技术委员会(SAC/TC156/SC2)归口。

本标准起草单位：中国水产科学研究院南海水产研究所。

本标准主要起草人：区又君、李加儿、李刘冬。

1　范围

本标准规定了眼斑拟石首鱼[*Sciaenops ocellatus*（Linnaeus，1766)]亲鱼和苗种的来源、亲鱼人工繁殖年龄、苗种规格、质量要求、检验检疫方法、检验规则和运输要求。

本标准适用于眼斑拟石首鱼亲鱼和苗种的质量评定。

2　规范性引用文件

下列文件对于本文件的应用是必不可少的。凡是注日期的引用文件，仅所注日期的版本适用于本文件。凡是不注日期的引用文件，其最新版本(包括所有的修改单)适用于本文件。

GB 11607 渔业水质标准

GB/T 18654.1 养殖鱼类种质检验 第1部分：检验规则

GB/T 18654.2 养殖鱼类种质检验 第2部分：抽样方法

GB/T 18654.3 养殖鱼类种质检验 第3部分：性状测定

GB/T 20361 水产品中孔雀石绿和结晶紫残留量的测定 高效液相色谱荧光检测法

GB 21047 眼斑拟石首鱼

NY 5071 无公害食品 渔用药物使用准则

SC/T 1075 鱼苗、鱼种运输通用技术要求

SC/T 3018 水产品中氯霉素残留量的测定 气相色谱法

农业部783号公告 —1—2006　水产品中硝基呋喃类代谢物残留量的测定　液相色谱－串联质谱法

3 亲鱼

3.1 亲鱼来源

3．1．1 产自墨西哥湾和美国西南部沿海的眼斑拟石首鱼原种亲鱼和苗种

3．1．2 由省级以上良种场和遗传育种中心培育的亲鱼。

3.2 亲鱼人工繁殖年龄

雌性亲鱼宜选用5龄以上，雄性亲鱼宜选用4龄以上。

3.3 鱼质量要求

亲鱼种质应符合GB 21047的规定，其他质量应符合附表9－1的要求。

附表9－1 亲鱼质量要求

项目	质量要求
外部形态	体型、体色正常，鳍条、鳞被完整，体质健壮。
全长	雌性个体大于60厘米，雄性个体大于50厘米。
体重	雌性个体大于5 000克，雄性个体大于4 000克。
性腺发育情况	性腺发育良好，雌性亲鱼腹部膨大且柔软，雄性亲鱼轻挤腹部能流出乳白色精液。
健康状况	游泳正常，反应灵敏，不得检出刺激隐核虫病等传染性强、危害大的疾病。

4 苗种

4.1 苗种来源

由符合本标准3的亲鱼人工繁殖的鱼苗，或由原产地引进并经过检疫和种质鉴定合格的鱼苗。

4.2 苗种规格要求

苗种全长达到3厘米以上。

4.3 苗种质量要求

4.3.1 感官要求

体色正常，游动活泼，规格整齐，对外界刺激反应灵敏。

4.3.2 苗种质量

全长合格率、伤残率、带病率(指非传染性疾病)、畸形率、疫病应符合附表9－2的要求。

附表9－2 全长合格率、伤残率、带病率、畸形率、疫病要求

项目	要求(%)
全长合格率	≥95
伤残率	≤5
带病率	≤2
畸形率	≤1
疫病	不得检出刺激隐核虫病等传染性强、危害大的疾病。

5 检验方法

5.1 亲鱼检验

5.1.1 形态特征检验

肉眼观察。

5.1.2 全长检验

按GB/T 18654.3的规定，用标准量具测量鱼体吻端至尾鳍末端的水平长度。

5.1.3 体重检验

吸去亲鱼体表水分，用天平等衡器(感量小于1克)称重。

5.1.4 性腺发育情况检验

采用肉眼观察、触摸和镜检相结合的方法。

5.1.5 检疫

刺激隐核虫病的检疫用肉眼感观诊断和显微镜检查。

5.2 苗种检验

5.2.1 感官要求检验

肉眼观察。

5.2.2 全长合格率检验

按GB/T 18654.3的规定，用标准量具测量鱼体吻端至尾鳍末端的水平长度，统计求得全长合格率。

5.2.3 伤残率、畸形率检验

肉眼观察，统计伤残和畸形个体，计算求得伤残率和畸形率。

5.2.4 带病率检验

肉眼观察和实验室检验相结合，计算求得带病率。

5.2.5 检疫

同5.1.5。

5.2.6 安全检验

按NY 5071规定执行。不得检出氯霉素、呋喃唑酮和孔雀石绿等国家禁用药物残留，氯霉素检测按SC/T 3018规定执行，呋喃唑酮和呋喃西林检测按农业部783号公告—1—2006的规定执行，孔雀石绿检测按GB/T 20361规定执行。

6 检验规则

6.1 亲鱼检验规则

按照本标准5.1的检验方法逐尾进行。

6.2 苗种检验规则

6.2.1 取样规则

每一次检验应随机取样100尾以上，全长测量应在30尾以上，抽样方法按GB/T 18654.2的规定执行。

6.2.2 组批规则

一次交货或一个育苗池为一个检验批，一个检验批应取样检验2次以上，取其平均数为检验值。

6.3 判定规则

按GB/T 18654.1的规定执行。

6.4 复检规则

按GB/T 18654.1的规定执行。

7 运输要求

7.1 亲鱼运输

随捕随运，活水或充气运输。

7.2 苗种运输

运输方法按SC/T 1075的要求执行，苗种运输前应停止喂食

1 天。

7.3 运输用水

应符合 GB 11607 的规定。

资料来源：中华人民共和国水产行业标准（SC/T 2025—2012）。

附录10　卵形鲳鲹　亲鱼　苗种

本标准由农业部渔业局提出。

本标准由全国水产标准化技术委员会海水养殖分技术委员会(SAC/TC156/SC2)归口。

本标准起草单位：中国水产科学研究院南海水产研究所。

本标准主要起草人：区又君、李加儿、李刘冬。

1　范围

本标准规定了卵形鲳鲹(*Trachinotus ovatus*)亲鱼和苗种的来源、规格、质量要求、检验方法和检验规则。

本标准适用于卵形鲳鲹亲鱼和苗种的质量评定。

2　规范性引用文件

下列文件对于本文件的应用是必不可少的。凡是注日期的引用文件，仅注日期的版本适用于本文件。凡是不注日期的引用文件，其最新版本(包括所有的修改单)适用于本文件。

GB 11607 渔业水质标准

GB/T 18654.2 养殖鱼类种质检验 第2部分：抽样方法

GB/T 18654.3 养殖鱼类种质检验 第3部分：性状测定

GB/T 18654.4 养殖鱼类种质检验 第4部分：年龄与生长的测定

SC/T 1075 鱼苗、鱼种运输通用技术要求

SC/T 7014—2006 水生动物检疫实验技术规范

3　亲鱼

3.1　亲鱼来源

3.1.1　捕自自然海区的亲鱼。

3.3.2　由自然海区捕获的苗种或由省级以上原(良)种场和遗传育种中心生产的苗种经人工养殖培育的亲鱼。

3.2 亲鱼年龄

亲鱼宜在4龄以上。

3.3 亲鱼质量要求

亲鱼质量应符合附表10－1的要求。

附表10－1 亲鱼质量要求

项目	质量要求
外部形态	体型、体色正常，鳍条、鳞被完整，活动正常，反应灵敏，体质健壮
体长	480毫米以上
体重	3 300克以上
性腺发育情况	在繁殖期，亲鱼性腺发育良好，腹部略微膨大

4 苗种

4.1 苗种来源

4.1.1 从自然海区捕获的苗种。

4.1.2 由符合第3章规定的亲鱼繁殖的苗种。

4.2 苗种规格要求

全长达到30毫米以上。

4.3 苗种质量要求

4.3.1 外观要求

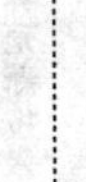

体型、体色正常，游动活泼，规格整齐，对外界刺激反应灵敏。

4.3.2 苗种质量

全长合格率、伤残率、畸形率应符合附表10－2的要求。

附表10－2 苗种质量要求 （单位：%）

项目	要求
全长合格率	≥95
伤残率	≤3
畸形率	≤1

4.3.3 检疫

不得检出刺激隐核虫病和神经坏死病毒病。

5 检验方法

5.1 亲鱼检验

5.1.1 外部形态

在充足自然光下肉眼观察。

5.1.2 体长、体重

按 GB/T 18654.3 的规定执行。

5.1.3 年龄

年龄主要依据鳞片上的年轮数确定，按 GB/T 18654.4 规定的方法执行。

5.1.4 性腺发育情况

采用肉眼观察、触摸相结合的方法。

5.2 苗种检验

5.2.1 外观要求

把苗种放入便于观察的容器中，加入适量水，用肉眼观察，逐项记录。

5.2.2 全长合格率

按 GB/T 18654.3 的规定测量全长，统计计算全长合格率。

5.2.3 伤残率、畸形率

肉眼观察，统计伤残和畸形个体，计算求得伤残率和畸形率。

5.2.4 检疫

5.2.4.1 刺激隐核虫病

用肉眼感观诊断和显微镜检查。

5.2.4.2 神经坏死病毒病

采用上游引物 5’－CGTGTCAGTCATGTGTCGCT－3’，下游引物 5’－CGAGTCAACACGGGTGAAGA－3’，按 SC/T 7014－2006 中的 8.2.8 检测。

6 检验规则

6.1 亲鱼检验规则

6.1.1　检验分类

6.1.1.1　出场检验

亲鱼销售交货或人工繁殖时逐尾进行检验。项目包括外观、年龄、体长和体重，繁殖期还包括繁殖期特征检验。

6.1.1.2　型式检验

检验项目为第3章规定的全部项目，在非繁殖期可免检亲鱼的繁殖期特征。有下列情况之一时应进行型式检验：

a)更换亲鱼或亲鱼数量变动较大时；

b)养殖环境发生变化，可能影响到亲鱼质量时；

c)正常生产满两年时；

d)出场检验与上次型式检验有较大差异时；

e)国家质量监督机构或行业主管部门提出要求时。

6.1.2　组批规则

一个销售批或同一催产批作为一个检验批。

6.1.3　抽样方法

出场检验的样品数为一个检验批，应全数进行检验；型式检验的抽样方法按GB/T 18654.2的规定。

6.1.4　判定规则

经检验，有不合格项的个体判为不合格亲鱼。

6.2　苗种检验规则

6.2.1　检验分类

6.2.1.1　出场检验

苗种在销售交货或出场时进行检验。检验项目为外观、可数指标和可量指标。

6.2.1.2　型式检验

检验项目为第4章规定的全部内容。有下列情况之一时应进行型式检验：

a)新建养殖场培育的苗种；

b)养殖条件发生变化，可能影响到苗种质量时；

c)正常生产满一年时；

d)出场检验与上次型式检验有较大差异时；

e)国家质量监督机构或行业主管部门提出型式检验要求时。

6.2.2　组批规则

以同一培育池苗种作为一个检验批。

6.2.3　抽样方法

每批苗种随机取样应在100尾以上，观察外观、伤残率、畸形率，可量指标、可数指标每批取样应在50尾以上，重复两次，取平均值。

6.2.4　判定规则

经检验，如病害项不合格，则判定该批苗种为不合格，不得复检。其他项不合格，应对原检验批取样进行复检，以复检结果为准。

7　运输要求

7.1　亲鱼运输

随捕随运，活水车(船)或塑料袋充氧运输，运输前应停止喂食1天以上，装鱼、运输途中换水和放养的水温温差应小于2℃，盐度差应小于5。运输用水应符合GB 11607的规定。

7.2　苗种运输

运输方法按SC/T 1075的要求执行，苗种运输前应停止喂食1天。

资料来源：中华人民共和国水产行业标准(SC/T 2044—2014)。

参考文献

（按姓氏笔画排列）

万瑞景，陈瑞盛. 1988. 渤海鲈鱼的生殖习性及早期发育特征的研究. 海洋水产研究，(9)：203－211.

卫浩文. 2002. 黄鳍鲷的连片高产高效养殖. 水产科技，(1)：8－9.

方永强，戴燕玉，洪桂英. 1996. 卵形鲳鲹早期卵子发生显微及超显微结构的研究. 台湾海峡，15(4)：407－411.

毛兴华，季如宝，朱明远，等. 1997. 美国红鱼试养的初步研究. 黄渤海海洋，15(1)：30－34.

区又君，李加儿. 1997. 红拟石首鱼的中间培育和养成技术. 南海研究与开发，(1)：72－75.

区又君，李加儿. 2005. 卵形鲳鲹的早期胚胎发育. 中国水产科学，12(6)：786－789.

区又君. 2008. 黄鳍鲷的人工繁殖. 海洋与渔业，(7)：30－31.

区又君. 2008. 卵形鲳鲹的人工繁育技术. 海洋与渔业，(9)：24－25.

区又君. 2008. 花鲈的人工繁育. 海洋与渔业，(10)：30－32.

王波，张进兴，毛兴华. 2003. 美国红鱼病害防治实用技术，渔业现代化，(2)：26－27.

王广军，余德光. 2005. 台湾的军曹鱼养殖. 科学养鱼，(7)：3－4.

王广军，吴锐全，谢骏，等. 2005. 军曹鱼饲料中用豆粕代替鱼粉的研究. 大连水产学院学报，20(4)：304－307.

王清印，李杰人，杨宁生. 2010. 中国水产生物种质资源与利用(第二卷). 北京：海洋出版社，223－233.

艾春香. 2000. 军曹鱼的养殖生物学特性及营养需求. 饲料研究，(2)：41－44.

叶富良. 2002. 军曹鱼人工繁殖及主要生态因子研究. 科学养鱼，(12)：27－31.

冯斯敏，云金蕊. 2000. 蜡状芽孢杆菌引起军曹鱼大批死亡的报告. 中国水产，(8)：39－40.

李加儿. 1996. 北美鲳鲹和其他鲹科鱼类的养殖. 南海研究与开发，(3)：69－74.

李加儿，2002. 黄鳍鲷养殖技术. 南方农村报，12 月 26 日第 9 版.

李加儿，周宏团，许波涛，等. 1985. 黄鳍鲷 *Sparus latus* Houttuyn 生长的初步研究. 华南师范大学学报(自然科学版)，(1)：114－121.

李加儿，区又君. 2000. 深圳湾沿岸池养黄鳍鲷的繁殖生物学. 浙江海洋学院学报(自然科学版)，19(2)：139－143.

李霞，郭贵良，徐彦兵. 2007. 海水养殖军曹鱼技术试验. 24(6)：22－23.

李庆欣. 1994. 卵形鲳鲹在热带海区的网箱养殖试验. 南海研究与开发，(4)：48－51.

李刘冬，陈毕生，冯娟，等. 2002. 军曹鱼营养成分的分析及评价. 热带海洋学报，21(1)：76－82.

李宏宇，陈国. 1998. 关于红拟石首鱼 *Sciaenops ocellata*(Linnaeus)海水网箱养殖技术的探讨. 现代渔业信息，13(4)：18－22.

李来好，刁石强，郭根喜. 2004. 美国红鱼的营养需求和配合饲料. 水产科技，(2)：7－8(转 11).

李纯厚，贾晓平，陈炎，等. 2003. 南沙群岛美济礁潟湖网箱养殖初步研究. 南海海洋渔业可持续发展研究. 北京：科学出版社，316－320.

刘洪杰，毛兴华. 1999. 美国红鱼繁殖习性及诱导产卵技术初探. 海洋科学，(3)：12－14.

刘洪杰，毛兴华，王文兴，等. 1998. 美国红鱼全人工育苗技术的初步研究. 中国水产科学，5(4)：114－117.

麦贤杰，黄伟健，叶富良，等. 2005. 海水鱼类繁殖生物学和人工繁育. 北京：海洋出版社.

农新闻，米强，朱瑜，等. 2008. 卵形鲳鲹的含肉率及肌肉营养价值研究. 中国水产，(9)：73－75.

任松，黄秀青，洪家明，等. 1997. 钦州湾引进红拟石首鱼 *Sciaenops ocellatus*(Linnaeus)养殖技术初探. 现代渔业信息，(9)：18－21.

许波涛. 1983. 海水养殖的优良品种——黄鳍鲷. 海洋科学，(1)：57－58.

陈毕生，柯浩，冯鹏，等. 1999. 军曹鱼 *Rachycentron canadum*(Linnaeus)的生物学特征及网箱养殖技术. 现代渔业信息，14(9)：16－19.

陈婉如，陈鹏云. 1996. 真鲷、黄鳍鲷配合饲料的研究. 中国饲料，(18)：21-24.
何永亮，区又君，李加儿. 2009. 卵形鲳鲹早期发育的研究. 上海海洋大学学报，8(4)：428-434.
闵信爱. 1996. 水产养殖新品种——黑斑红鲈. 南海水产研究，(13)：57-59.
沈俊宝，张显良. 2002. 引进水产优良品种及养殖技术. 北京：金盾出版社.
苏锦祥. 1995. 鱼类学与海水鱼类养殖(第二版). 北京：中国农业出版社.
苏天凤，吕俊霖，江世贵. 2002. 黄鳍鲷肌肉生化成分分析和营养品质评价. 湛江海洋大学学报，22(6)：10-14.
林锦宗. 1995. 卵形鲳鲹亲鱼培育技术研究. "八五"水产科研重要进展，农业部渔业局，298-300.
林秀春. 2000. 美国红鱼的海水网箱养殖技术. 福建农业科技，(3)：43.
罗舜炎，麦贤杰. 1983. 黄鳍鲷幼苗的捕捞与运输. 广东水产学会学术论文汇编(五)海水养殖专辑，43-46.
罗杰，杜涛. 2008. 卵形鲳鲹不同养殖方式的研究. 水利渔业，28(1)：70-71(转116).
罗杰，刘楚吾，罗伟林. 2005. 网箱培育军曹鱼亲鱼及人工育苗研究. 海洋水产研究，26(2)：18-25.
郑运通，马荣和，许波涛，等. 1986. 黄鳍鲷的胚胎和仔稚幼鱼的形态观察. 水产科技情报，(4)：1-3.
郑运通，马荣和，许波涛，等. 1986. 黄鳍鲷人工繁殖与育苗技术的研究. 海洋渔业，8(5)：205-208.
郑镇安，施泽博，许鼎盛，等. 1987. 黄鳍鲷人工繁殖与育苗技术的研究. 福建水产，(1)：5-13.
郑石勤，林烈堂. 1990. 黄腊鲹人工繁殖成功. 养鱼世界，(4)：140-146.
张邦杰，梁仁杰，毛大宁，等. 1998. 池养尖吻鲈和花鲈的生长特性. 水产科技情报，25(2)：60-65(转69).
张邦杰，梁仁杰，毛大宁，等. 1998. 黄鳍鲷的池养生长特性及其饲养技术. 上海水产大学学报，7(2)：107-113.

张邦杰，梁仁杰，毛大宁，1999. 等. 卵形鲳鲹的咸水养殖. 东莞市水产研究所、东莞市东合成养殖场.

张其永，洪万树，陈志庚，等. 1991. 西埔湾港养黄鳍鲷年龄、生长和食性研究. 台湾海峡，10(4)：364－372.

张赐玲，谢介士，周瑞良，等. 1999. 海鲡的繁养殖技术简介. 养鱼世界，(9)：14－26.

张梅兰. 2002. 海水鱼健康养殖新技术. 北京：中国农业出版社.

张秋明，李玉壮. 2010. 卵形鲳鲹抗风浪网箱健康养殖技术. 现代农业科技，(1)：322.

周歧存，郑石轩，郑献昌，等. 2004. 华南沿海重要网箱养殖鱼类营养成分比较研究. 热带海洋学报，23(2)：88－92.

胡石柳. 2000. 美国红鱼网箱养殖生物学特性的研究. 厦门科技，(1)：25－27.

郭根喜，陶启友. 2008. 深水网箱养殖军曹鱼技术要点. 科学养鱼，(11)：73－74.

郭泽雄. 2002. 近海浮绳式网箱养殖军曹鱼技术要点. 科学养鱼，(2)：28.

唐志坚，张璐，马学坤. 2008. 卵形鲳鲹和南美白对虾池塘混养技术. 内陆水产，(9)：24－25.

陶启友，郭根喜. 2006. 卵形鲳鲹深水网箱养殖试验. 科学养鱼，(2)：39.

陶启友，郭根喜. 2006. 卵形鲳鲹深水网箱养殖应注意的几点问题. 齐鲁渔业，23(9)：26－27.

贾晓平. 2005. 深水抗风浪网箱技术研究. 北京：海洋出版社.

黄雪梅. 2003. 黄鳍鲷淡水驯养试验. 淡水渔业，33(2)：38－39.

梁建文. 2001. 鲈鱼的池塘高产养殖. 水产科技，(2)：20－22.

深圳市水产养殖技术推广站. 1998. 金鲳鱼苗人工繁育研究总结报告.

葛国昌. 1991. 海水鱼类增养殖学. 青岛：青岛海洋大学出版社.

雷霁霖. 2005. 海水鱼类养殖理论与技术. 北京：中国农业出版社，745－936.

蔡厚才. 2001. 南麂海区美国红鱼网箱养殖试验. 东海海洋，19(4)：28－34.

谢忠明，毛兴华，王佳喜，等. 1999. 美国红鱼大口胭脂鱼养殖技术. 北京：中国农业出版社，1－139.

廖国璋. 1998. 花鲈的生态特性及池塘养殖问题. 水产科技情报，25(3)：130－132.

黎祖福，陈刚，宋盛宪，等. 2005. 南方海水鱼类繁殖与养殖技术. 北京：海洋出版社.

潘炯华，郑文彪. 1985. 广东沿海鲈鱼苗资源及其池塘养殖试验. 水产科学，1－5.

海洋出版社水产养殖类图书书目

书 名	作 者
水产养殖新技术推广指导用书	
卵形鲳鲹 花鲈 军曹鱼 黄鳍鲷 美国红鱼高效生态养殖新技术	区文君 李加儿 江世贵 麦贤杰 张建生
鲻鱼高效生态养殖新技术	李加儿 区文君 江世贵 麦贤杰 张建生
石斑鱼高效养殖实用新技术	王云新 张海发
罗非鱼高效生态养殖新技术	姚国成 叶 卫
水生动物疾病与安全用药手册	李 清
鳗鲡高效生态养殖新技术	王奇欣
淡水珍珠高效生态养殖新技术	李家乐 李应森
全国水产养殖主推技术	钱银龙
全国水产养殖主推品种	钱银龙
小水体养殖	赵 刚 周 剑 林 珏
扇贝高效生态养殖新技术	杨爱国 王春生 林建国
青虾高效生态养殖新技术	龚培培 邹宏海
河蟹高效生态养殖新技术	周 刚 周 军
淡水小龙虾高效生态养殖新技术	唐建清 周凤健
南美白对虾高效生态养殖新技术	李卓佳
黄鳝、泥鳅高效生态养殖新技术	马达文
咸淡水名优鱼类健康养殖实用技术	黄年华 庄世鹏 赵秋龙 翁 雄 许冠良
海水名特优鱼类健康养殖实用技术	庄世鹏 赵秋龙 黄年华 翁 雄 许冠良
鲟鱼高效生态养殖新技术	杨德国
乌鳢高效生态养殖新技术	肖光明
海水蟹类高效生态养殖新技术	归从时
翘嘴鲌高效生态养殖新技术	马达文
日本对虾高效生态养殖新技术	翁 雄 宋盛宪 何建国
斑点叉尾鮰高效生态养殖新技术	马达文
水产养殖系列丛书	
金鱼	刘雅丹 白 明
龙鱼	刘雅丹 白 明
锦鲤	刘雅丹 白 明
龙鱼	刘雅丹 白 明
锦鲤	刘雅丹 白 明
七彩神仙鱼	刘雅丹 白 明
海水观赏鱼	刘雅丹 白 明
七彩神仙鱼	刘雅丹 白 明
家养淡水观赏鱼	馨水族工作室
家庭水族箱	馨水族工作室
中国龟鳖产业核心技术图谱	章 剑
海参健康养殖技术（第2版）	于东祥
渔业技术与健康养殖	郑永允
小黄鱼种群生物学与渔业管理	林龙山 高天翔
大口黑鲈遗传育种	白俊杰 等

书　名	作　者
海水养殖科技创新与发展	王清印
南美白对虾高效养成新技术与实例	李　生 朱旺明 周　萌
水产学学科发展现状及发展方向研究报告	唐启升
斑节对虾种虾繁育技术	江世贵 杨丛海 周发林 黄建华
鱼类及其他水生动物细菌：实用鉴定指南	Nicky B. Buller
锦绣龙虾生物学和人工养殖技术研究	梁华芳 何建国
刺参养殖生物学新进展	王吉桥 田相利
龟鳖病害防治黄金手册（第2版）	章　剑
人工鱼礁关键技术研究与示范	贾晓平
水产经济动物增养殖学	李明云
水产养殖学专业生物学基础课程实验	石耀华
水生动物珍品暂养及保活运输技术	储张杰
河蟹高效生态养殖问答与图解	李应森 王　武
淡水小龙虾高效养殖技术图解与实例	陈昌福 陈　萱
对虾健康养殖问答（第2版）	徐实怀 宋盛宪
淡水养殖鱼类疾病与防治手册	陈昌福 陈　萱
海水养殖鱼类疾病与防治手册	战文斌 绳秀珍
龟鳖高效养殖技术图解与实例	章　剑
饲料用虫养殖新技术与高效应用实例	王太新
石蛙高效养殖新技术与实例	徐鹏飞 叶再圆
泥鳅高效养殖技术图解与实例	王太新
黄鳝高效养殖技术图解与实例	王太新
鲍健康养殖实用新技术	李　霞 王　琦
鲑鳟、鲟鱼健康养殖实用新技术	毛洪顺
淡水小龙虾（克氏原螯虾）健康养殖实用新技术	梁宗林 孙　骥
泥鳅养殖致富新技术与实例	王太新
对虾健康养殖实用新技术	宋盛宪 李色东 翁　雄 陈　丹 黄年华
香鱼健康养殖实用新技术	李明云
淡水优良新品种健康养殖大全	付佩胜
常见水产品实用图谱	邹国华
河蟹健康养殖实用新技术	郑忠明 李晓东 陆开宏
罗非鱼健康养殖实用新技术	朱华平 卢迈新 黄樟翰
王太新黄鳝养殖100问	中国水产学会
黄鳝养殖致富新技术与实例	王太新
鱼粉加工技术与装备	郭建平 等
海水工厂化高效养殖体系构建工程技术	曲克明 杜守恩
渔业行政管理学	刘新山
斑节对虾养殖（第二版）	宗盛宪
名优水产品种疾病防治新技术	蔡焰值
抗风浪深水网箱养殖实用技术	杨星星 等
拉汉藻类名称	施　浒
东海经济虾蟹类	宋海棠 等